虚空
教典
ko ku
kyo ten
剣持刀也
けんもちとうや
KADOKAWA

虚空教典
koku kyoten

目次

第一章

エッセイ篇

バーチャル最深部へようこそ ―― 〇〇七
私を許しますか？ ―― 〇一五
レペゼンインターネット ―― 〇二三
バーチャルの過去と未来 ―― 〇三一
魂の値段 ―― 〇五一
エンタメ病患者、マシュマロを喰らう ―― 〇六三
未知の闇を照らすもの ―― 〇七三
No.1集めてみました ―― 〇八一

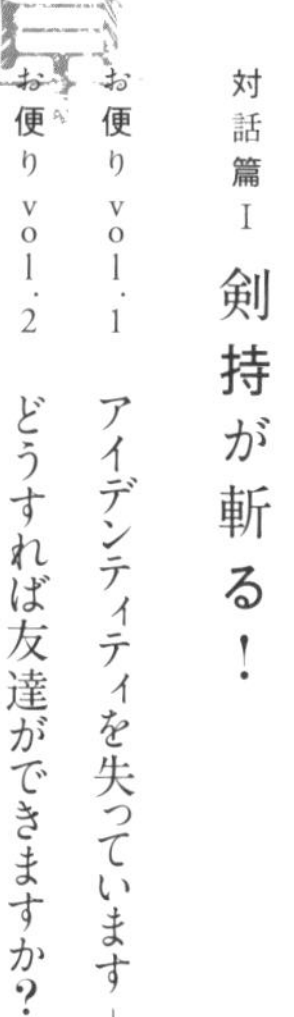

第二章

対話篇Ⅰ　剣持が斬る！

お便りvol.1　アイデンティティを失っています ―― 一〇六

お便りvol.2　どうすれば友達ができますか？ ―― 一一〇

お便りvol.3　一人反省会がやめられません ―― 一一四

お便りvol.4　人にうまく気持ちを伝えられません ―― 一一八

お便りvol.5　自分らしさって何なんでしょうか ―― 一二二

お便りvol.6　性格の良い友達にイライラしてしまう自分が嫌になります ―― 一二六

第三章

対話篇Ⅱ　「虚空集会」四天王対談

vol.1　ピーナッツくん ―― 一三〇

vol.2　伏見ガク ―― 一三五

vol.3　月ノ美兎 ―― 一四〇

vol.4　葛葉 ―― 一四六

第四章

対話篇Ⅲ　剣持父子対談

剣持父子対談 ―― 一五四

あとがき ―― 一七三

ブックデザイン：ARCOINC
イラストフォト：一色

第二章
エッセイ篇
koku
kyoten

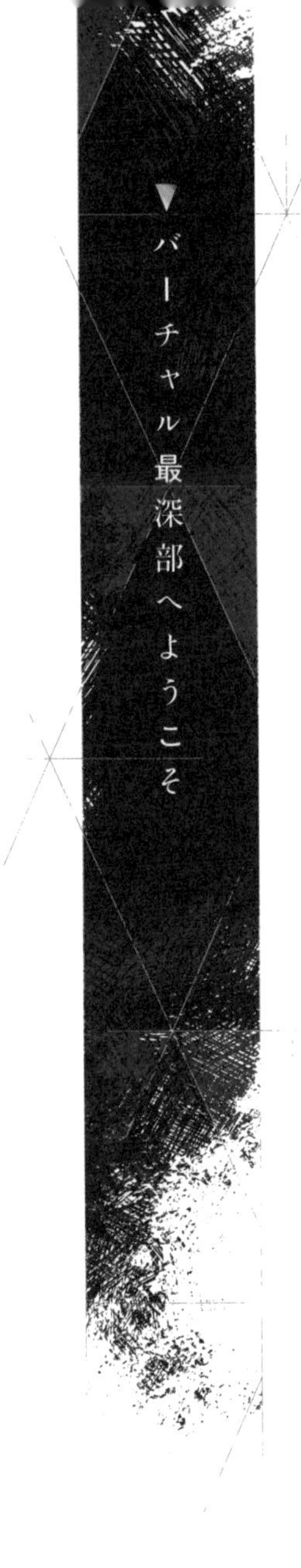

「剣持刀也はエンタメコンテンツである」

僕は〝エンタメ〟というものを深く愛している。

広く使われるこのエンタメという言葉だが、ここでは「楽しませることに主軸を置いた、多少の〝演出〟を孕む娯楽」として扱っていこう。

〝演出〟というのは言ってしまえば「嘘」である。

バラエティ番組の歌下手芸人、海外コメディの笑い声ＳＥ、通販番組のリアクションなど、たまにやり過ぎている気がしないでもないことはあるが、この世の様々な場所で〝演出〟は用いられている。

そして世の中にはそのエンタメが前提で成り立っているコンテンツもあり、プロレスなどがこれに当たる。

この令和の時代においてプロレスをガチガチの真剣勝負だと認識している者はいないだろう。

観る者は確実に嘘があることを心のどこかで知っていて、それを分かった上で大いに楽しむ。

この余裕が良いのだ。

本当にスポーツマンシップが好きで真剣勝負だけを楽しみたい者からすれば、ヨボヨボのお爺さんレスラーが筋骨隆々の巨漢レスラーを倒してしまうのは馬鹿馬鹿しいことこの上ないのだろうが、その馬鹿馬鹿しさこそが素晴らしい。

リアリティよりもエンタメに全力を尽くす演者たちのショーマンシップ、全てを理解した上で笑ってやれるファンたちの度量。心地よい不真面目さがそこにはある。

そしてそのエンタメを前提にしたコンテンツという括り、我々VTuberも例に漏れない。

2018年、バーチャル技術の進歩により誰もがなりたい自分になれる時代がやってきた。今では様々な人間たちが新たな自分を仮想空間に描き出し、各々好きなように表現している。

実際に仮想空間に生きており、その姿をカメラでお届けしている「にじさんじ」のようなケースも多くはあるが、個人勢などの中には普段はリアルで生活をしながら趣味でVTuber活動を行っていると公言している者も少なくない。趣味で神をやったりするのだから凄い時代である。

後者はそのまま分かりやすくエンタメだし、前者にしたって信じていない視聴者からしてみればエンタメなのであろう（了見が狭いが嘘だと思って野暮なことを言わず乗っかるその気概や良し）。

また我々VTuberは多種多様が故に〝演出〟をしてしまう場合がある。

例えばあなたが邪神として生を享け（凄い文だ）、大勢の人間たちの前でスピーチをすることになったとして、「皆さんこんにちは〜！　お集まりいただきありがとうございます！邪神の○○です！！」などと話し始めるだろうか。

否、絶対に「グワハハハハ！！！　愚かな人間どもよ！　消し炭にされたくなかったら我の話を聞くのだ！！！」になるはずだ。

それが人間の邪神像を壊すまいとするサービス精神なのか、「邪神、意外と普通だったよ」なんて言われたら耐えられないからなのかは分からないが、このように本当に人外に生まれていたり、人間として実際にその職業に就いていながら必要以上に〝やって〟しまい、それが同族や同僚にバレて恥ずかしい思いをするというのは無い話では無いらしい。

本物なのにイメージに近づくよう演じてしまうというこの体たらくではエンタメと一括りにされても仕方がないように感じる。

そしてそもそもVTuberはショービジネス。人に好かれようとする時点で多くの場合は演出をするものだ。

格好つけた声を出したり、かわいこぶった話し方をしたり、レイアウトを凝ったり。僕はどれもしていないけれど。

では、剣持は演出をしていないのか。

それに対する答えはＮＯだ。

僕、剣持刀也はエンタメコンテンツである。

当然、男子高校生として皆さんのよく知る姿で実際に生きてはいるが、VTuberの剣持刀也というコンテンツには演出が施してあり、あなたが捉えている姿は実像ではない。

僕はVTuberをやる上で人として好いてもらおうという気持ちはあまりなく、ただエンタメをお届けしたいと思ってやっているので、ゆったりした長時間雑談や寝落ち配信など、腰を落ち着けて視聴者とまったり話す場は設けず、エンタメ用のエピソードトークはすれど、悲しかった話、ムカついた話、自分の人生の話、己の思想など、自分語りをほとんどしていない。普段こんなことを考えているなんて話す時間があったら奇怪なマシュマロ（※匿名のメッセージサービス）を拾い上げてはツッコミを入れている気がする。

良くも悪くも楽しませようとしてる姿しか見せていないのだ。人間としての他の多くの部分をまるで存在していないかのように扱うこれを演出と言わずになんと言おうか。意図的にやっていることだし個人的に自分のコンテンツをとても気に入ってはいるのだが、今回は虚空教の教典だ。

いつものノリで書いたことが教典になってはカルト宗教になってしまうので、ここはひとつ、この本を手に取ってくれた方だけに、エンタメで塗り固めたVTuber剣持刀也の人間の部分をお見せしようと思う。

虚空教の教えに則って原初に返り、僕が一体どういう人間なのか、5年越しの自己紹介をしようじゃないか。

普段なら門外不出のエンタメ無しの僕の核。

心ゆくまでとくとご覧あれ。

バーチャル最深部へようこそ。

▼私を許しますか？

皆さんは「七つの大罪」というものをご存知だろうか。

虚空教の商売敵であるところのキリスト教界隈の言葉で、人間を罪に導くとされる7つの要素をまとめたものである。

傲慢、嫉妬、憤怒、怠惰、強欲、暴食、色欲から成るそれはさまざまなファンタジーの世界で用いられ、我々VTuberもこれになぞらえたファンアートを描いていただくことがある。

その際に剣持刀也はよく「傲慢」の枠で描いていただくのだが……。

僕が不定期で行っているラジオ形式の配信「しゃぷらじ（Sharpness Radio）」で次のような悩みがたまに来る。

『剣持さんこんにちは！　私は宿題やテスト勉強等、しなくてはいけないことがあってもどうしても先延ばしにしてしまいます！　こんな怠惰な私を斬ってください！』

なるほど、確かに悩ましい問題だ。

多くの人がこれに近い悩みを持っていることだろう。

そしてそういうお便りが来るたびに僕はこう思うのだ。

「正気か？」と。

怠惰が故にボイスを4年出していない男に何を聞いているんだ己は！！！！

だーーーれが傲慢だ！！！　わしは天下無双の怠惰じゃい！！！！

もし僕より怠惰だと思う奴がいたら出てきてほしい。まぁ一杯いるだろうし面倒くさいから何もしないけど。

そう、剣持刀也は怠惰なのだ。

このコラムの提出も数ヶ月遅れているしな！！　ガハハ！！！

さて、僕は何も担当さんを煽るためにこんなことを書いているわけではない。

怠惰や逃げが悪いとされるこの世の中に一石を投じにきたのだ。

僕が怠惰による逃げによってどれだけ人生を向上させてきたか、今回はそういうお話である。

やらなくてはいけないことをしていない間、実は我々は何もしていないわけではない。

何か別のことに逃げている時、我々は確実にその逃げている方向に進んでいる。

カクテルパーティー効果というものがある。クラスの喧騒の中やウトウトしている時でも自分の名前を呼ぶ声はスッと耳に入ってくるように、自分が必要としている情報を無意識に選択するという脳の働きだ。

逃人（にげんちゅ。怠惰な人間のこと）は逃避活動中、この機能が覚醒し、やらなくてはいけないこと以外の〝全て〟の情報を選択できるようになる。

普段あまり気にしてこなかったコンテンツが、逃避中は何故か気になってしまうなんて経験が怠惰な読者諸君にもあるはずだ。

そしてまさにその時の人間の情報収集能力の可能性に、僕は注目してほしいのだ。

何か面白いものを知りたいと思って情報を選択しているのと、逃避できるならなんでもよいと思いながら情報を選択するのでは網にかかる分母の桁が違う。

人間が最も幅広い情報収集能力を発揮するこの時間、勤勉な人間では感じることすら許さ

れない、怠惰な人間のみに与えられたこの奇跡の時間のおかげで僕は膨大な知識を獲得し、その知識がVTuberとしての活動を助け、今エッセイを執筆するに至っている。

この現代社会において情報は力だ。

やらなくてはいけない物事から吹いていた向かい風が、逃避中は追い風となり我々にブーストをかける。

逃避中の情報獲得の面白いところは素面では絶対に興味を持たなかったであろう知識を獲得できることだ。普段からするとどうでもよい知識でも逃避のためというエンジンが加わるとなんとも魅力的に思える。

普段の動線には全くないのにその世界では輝くそれはご当地グルメによく似ている。

普段食べないゴーヤーチャンプルーを沖縄旅行で喜んで食べるように、今日も普段は一切興味がないトランプマジックについて調べあげる。

そんな訳で怠惰が故に僕は博識と言われ、その知識を元に雑談などを行い、それが功を奏して現在の立場がある。

つまり怠惰の否定は僕の否定と言っても過言ではないということだ。


さてここまで長々と書いてきたがそろそろまとめよう。

つまり僕が何を言いたいかというと、

エッセイの提出めちゃくちゃ遅れてすみませんでした担当さん！！！

怠惰な僕を許してください！！！！！！！！！！！！！！！！！！！！！！！！

うわああ！！！！！！！！！！！！！！！！！！！！！！！！！！！

以上です。ありがとうございました。

※度を超した怠惰は愛嬌や能力が伴わないと許されないので程々に。

剣持刀也も今となっては配信歴5年のベテランVTuberである。

気がつくと周りにはとんでもない量の後輩が居て、一介の高校生でしかないこの僕も先輩ということで今まで沢山の相談を受けてきた。

人前に出るVTuberの活動は摩耗する人にとっては摩耗するものらしく、何度もメンタルの保ち方について尋ねられてきたのだが、そういったやりとりをしてる間に僕はあるひとつのことに気づいた。

それは、僕が他の人たちと比べて圧倒的に人間が好きなのだということ。

それも、善人も〝悪人〟も好きなのだということ。

思えば僕のメンタルが強い最大の理由のひとつはここにあったのかもしれない。

剣持刀也は人間の業、つまり愚かさを愛しているのだ。


当然それは堕落を生むし、破滅も招く恥ずべきものだ。業が深すぎる人間は淘汰されるように社会はできているし、愚かでない人間＝洗練された人間であることは間違いない。

しかし、どれだけ遠ざけようとしたところで「人間臭さ」という言葉があるくらいには人間の本質はそこにあるのだ。


愚かさとは未熟さ。すなわち幼さに通ずる。

僕がロリが好きだから愚かさが好きなのか、愚かさが好きだからその化身たるロリ（子ども）が好きなのかは不明だが、それを受け入れられることは精神を強くする上で大いに役立つ。

さて、人間の愚かさについて論じる上でインターネットの話をしよう。最高で最悪な僕らの仕事現場、インターネットの話を。


僕はインターネットが好きだ。

それはリアルに比べて遥かに人間の愚かさが包み隠されていない場所だからである。

その多くが〝匿名〟や現実の立場と無関係な〝アカウント〟で行われているインターネットは、リアルよりも自分に正直な人間がずっと多い。

恥ずかしいものを見たり、愚かさを吐露したり、敵意を述べたり、悪と決めつけて正そうとしたり、知り合いに見せられない自分を出せるそこには、取り繕っていない丸裸の本質たちがひしめき合っている。

責任が問われない分、リアルよりもネットのほうが人間らしさが綴られているというのは皮肉な話だが、現実社会にまでその正直さが溢れ出してはいささか問題なので仕方がない。

そんな無責任で愚かなインターネットを見るたびに、我々はある当たり前を再確認できるのだ。

人間に期待し、不当に見上げている者たちに告ぐ。

人間はそうたいしたものではない。

世界に絶対に裏切られない唯一の方法は世界に期待しないことだ、なんて16歳の僕が言うと冷めているだの老成しているだの言われるが、これは人間の悪性に諦念しているのではなく、単に悪性も肯定しているだけなのだ。

夜目遠目笠の内という言葉があるように、見えない部分を美しく期待してしまうこともまた人間らしさだが、完璧でないことにすら尊さを感じられたら、その時はさらに強くなれるはずだ。

さらに愚かさはある種、可能性とも言い換えられる。

配信者などを例にとると分かりやすい。

ご存知の通りバーチャルにはまともな社会性を有していない人間がわりといる（凄いことを書いている気がするが、本当なのだから仕方がない）。

本来、社会で生きる上では邪魔になるそんな性能の尖りも、ことインターネットにおいては個性という名の武器になる。

そう、人間が大人になり、求められる形に整えられる際に削ぎ落とされる未熟さは、裏を返せば洗練された社会には存在しない可能性そのものなのだ。

僕はよく赤い思想のディストピアゲームをやるのだが、統制されきった世界の一番の悪徳は多様性（可能性）の無さに尽きる。

漂白された世界では七色の虹は描けない。

業の肯定こそ多様性を認め、人生の彩りを増やす鍵なのだ。

善良を尊ばれ、調和と社会性を求められる現代社会。僕はいつまでも〝正しい〟大人にならないで、ってしまわないように16歳の子どもで居続けようと思う。

そしてこのバーチャルという土地から愚かな可能性をいつまでも産出し続けるのだ。

さて、今日も業の海であるマシュマロＢＯＸでひと泳ぎしてこようかな。

▼バーチャルの過去と未来

みんな〜〜〜!!! VTuberは好き〜〜!?

僕はだーいすき!!!!

2017年に存在を知って、ブームが起きた2018年には好きすぎるあまり自分がVTuberになっちゃった!! 初めて知った時からずーーっとVTuberのことがだーーいすき!

では実はない。

剣持刀也、一度だけこのVTuber活動に冷めかけたことがあります。

今となっては知らない人も多いだろうが、「VTuber」が現在の形に納まるまでにはさまざまな変遷があった。こと細かに記していてはそれこそ1冊の本が書けてしまうので、ここではざっくりと、VTuberの形の変遷を4つの時代に分けて話そうと思う。

《バーチャル紀元前》

２０１７年10月より前の時代、バーチャルという存在はほぼ認知されておらず、国内ではごく僅かな企業勢のみが３Ｄで活動を行っていた。「VTuber」という呼称すらまだ存在しなかったため、キズナアイさんは「バーチャルYouTuber」、シロさんは「電脳少女」、Airiさん（まだYouTube活動はされていなかったが）は「ウェザーロイド」といった具合にそれぞれの独自の呼称を自分に定め、方向性もさまざまであった。今でこそ全員がバーチャルの存在だが、まだそこをひとまとめにする者はおらず、本人たちも帰属意識は皆無であった。

《バーチャル黎明期》

２０１７年11月頃から２０１８年初頭にかけてブームが到来。世の中に大きく認知され、そのムーブメントの広がりから２０１８年はバーチャル元年と形容された。明確にジャンルが確立され、今でいう古参VTuberの多くがここで誕生した。とはいえ、まだ技術的な参入障壁が高く、一部の企業勢を除けば３ＤやLive2Dを手掛けることのできる個人クリエイターたちの舞台であった。この時代の参入者はムーブメントへの関心が強く、同業間での認知がほぼ当然であったため横の繋がりが発生し、初めてVTuber同士のコラボが行われたのもこの時期である。毎日独自の世界観を持つ住人が現れては、同業者含む視聴者全員がそれを楽しむというひとつの村のようなコミュニティがそこにはあった。

《バーチャル発展期》

２０１８年前期、ムーブメントに可能性を見出した多くの企業が業界に参入。誰でも

VTuberになれる技術を提供し、VTuberへの参入障壁が格段に低くなる。にじさんじの台頭もこの時期であり、クリエイター時代の黎明期に求められた「世界観や技術が生むコンテンツ力」以上に「演者自身が生むコンテンツ力」が重要視される時代が始まった。これはバーチャルであることが〝前提〟とされるほどバーチャルが浸透したということを意味する。表現の方向性も、それまで主流であった独自の世界観とキャラクターを映すことに主眼を置いた動画形式のものから、そのキャラクターが何かをするのをリアルタイムで一緒になって楽しむ配信形式のものへと徐々に変化していった。その世界ごとに完結しているアニメや漫画の登場人物と違い、リアルタイムでキャラクターと視聴者がコミュニケーションを取れるというVTuberの双方向性の面白さはブームを瞬く間に加速させた。

《バーチャルタレント時代》

2018年中期、バーチャル界に静かに、そして大きな変化が起きる。黎明期、発展期に参入したVTuberのチャンネルが次々に収益化したのだ。たいしたことではないように見えるが、この一件はVTuberの在り方を大きく変えるきっかけになる。一大ムーブメントなどと書いておきながら、実はそれまでVTuberで食べていける者はほぼ存在しなかった。当然だ。収益を発生させる場所がないのだ。オーディションに受かって無償で技術を提供してもらっている我々はまだマシなほうで、多くの個人勢はバーチャルでの表現のために少なくない身銭を切っていた。バーチャルの土地代は決して安くない。本当に趣味で成り立っていた業界だったのだ。そこにこの収益化の波が訪れる。しかもただの収益化ではない。VTuber業界のスーパーチャットの市場規模はご存知の通り、それはそれはとんでもない。VTuberが仕事になる時代が到来したのだ。

そして演者のひとりひとりが突然莫大な経済効果をもたらすようになったものだから技術提供をする企業もこれに併せて動き出す。それまではゴールドラッシュにおけるツルハシ売りのような事業を目的としていた多くの企業たちが一斉に、自社で生んだバーチャルタレントをマネジメントしていくタレント事業に方針を転換したのだ。

旧いちから（現ANYCOLOR）もその例に漏れず、当初は万人がVTuberになるための有償アプリ「にじさんじ」のテストユーザー兼広告塔として募っただけの〝公式〟バーチャルライバーの僕たちを、今ではしっかりと一タレントとして丁重に扱ってくれている。結果として人気バーチャルタレントを多く抱える企業が大きな経済力を持つようになり、企業側もバックアップでタレントの勢いを後押ししていく好循環で、今では人気VTuberの多くが大手の「箱」に所属している状態となった。

業界の躍進ぶりは目覚ましく、大企業とのコラボやテレビ出演、各地でのイベント開催やメジャーデビューなど市場規模は広がる一方だ。

さて、ここまでVTuberの変遷を4つの時代に分けて書いてきたのだが、注意深く読んでいた人はもしかしたらこう思ったのではないだろうか。「4つ目の時代に到達するの早くない!?　2018年中期からVTuberって変わってないの!?」と。

そうだ。

勢力図などはところどころ変動すれど、VTuberの形は5年前から変わっていない。

２０１８年中期、VTuberは商業主義の波に飲まれ、消費速度が臨界に達したのである。

現在、VTuber業界は凄まじい供給量で溢れている。24時間３６５日、YouTubeをつけたらいつ何時だってVTuberの活動を目にすることができる。そしてなぜそうなったのかと言えば、やはりVTuberが職業たり得るようになったことに帰結するだろう。趣味でやるVTuberと本業でやるVTuberでは費やせる時間も向けられる意識も何もかもが違う。僕が学生生活を謳歌しているとたまに同僚や視聴者に「剣持配信しろ！」などと言われるのだが、相対的に見れば言われてしまうのも仕方ないのかもしれない。何故ならばVTuberを本業にする者にとって高頻度長時間の配信など当然であるからだ。人気商売において供給があり続けることの優位性は自明であり、その供給量の水準は初期とは比べ物にならない。それどころか今となってはVTuberほど消費スピードが早いコンテンツはこの世に数えるほどしかない、なんてところまで来ている。

さて、全ての人気コンテンツが当然直面するであろうこの消費スピードの激化（この業界はいささか激しかったが）がバーチャルにもたらしたものは計り知れない。人気、経済、技術、人材、責任、ｅｔｃ……。

その全てのおかげで現在があり、演者としても視聴者としても素晴らしい環境でバーチャルを楽しませてもらっていると心から思うばかりだが、この変化によりたったひとつ、僕がバーチャルに求めていた大きなものが損なわれた。

それはバーチャル文化が誕生した時代に最も尊ばれたもので、ありとあらゆる文化の初期衝動、クリエイティビティである。

ある程度発展した文化であればどのようなものであれ、その文化の担い手の変遷というのは共通しており、
①まず「クリエイター」から始まり、
②第2世代となる「ファン」が文化を形成し、
③規模に応じて「商業」が介入し発展させる。
軌道に乗って長続きすれば文化の歴史というのはほぼ③で埋まるし、多くの人間は③の後

にその文化を知るのだから①と②に求められたものの重要性は③に求められるものの重要性には遠く及ばない。それでも僕は①と②の時代に魅せられた人間だった。①と②の時代に重要視されていたクリエイティビティがすっかり希薄になった③の時代のある日、具体的には2019年中期、僕はVTuber業界に冷めてしまったのである。

別に嫌儲思想というわけではない。むしろクリエイターには還元せよといつも言って回っているクチだ。経済が回って良くないことなどほとんどない。むしろ逆。僕が嫌気がさしたのは、クリエイティブであればあるほど日の目を見れなくなるシステムがこの業界に出来上がってしまっていたことなのだ。

バーチャルにおける最初のクリエイティビティとはひとえにその存在や世界観が如何なるものであろうと好きな形で世界に投影できるという点だった。おじさんが少女に、少年が魔王に、人が神に、なんだって表現を許された。

その多様性たるや凄まじく、カエルやハト、虫にスライム、虚無（空間）なんてのも平気で居た。では何故、彼らはそんなものになるという選択ができたか。

それは主人公になろうとしていなかったからだ。

勝ちにいこうとしていなかったからだ。

それぞれがそれぞれの世界観と背景を持ちながらも誰もがバーチャルにおける一介の住人に過ぎなかったからだ。


しかしその存在や世界観を成果物にした、仮想の自分を切り売りするスタイルでは供給速度と量に限界がある。クリエイティブな人間ほどストーリーや表現の仕方、質にこだわったが、いつだってエンタメは軽く、速いほうに流れる。結果、クオリティと中身を詰め込んだ動画を低頻度で上げるクリエイターたちから、毎日長時間のゲーム配信をする美男美女の企業VTuberのほうに視聴者の目が移るのは残酷なほどに一瞬だった。

僕は別にスライムVTuberのバックストーリーが語られた動画が観たいわけではない。ただ象徴的ではあると思う。

職業として成り立つようになり、勝ちにいけるようになったことで、勝ちにしかいけなくなったことで失われたクリエイティビティを思うと、当時の僕は残念で仕方なかったのだ。ストーリーを作ろうにも文脈が一瞬で過去になり誰にも知られなくなるスピードの速さ、高頻度長時間に消費ペースを合わせた結果、多様性を失った配信内容（Minecraft、ARK、Apex等）、文化ではなくほぼ配信ツールと化したバーチャルの在り方。僕がバーチャルに求めていた多くのものが削ぎ落とされていった結果、僕は〝視聴者〟としてバーチャルに冷めてしまったのだ。

そして複雑だったのは僕が日の目を見ている側だったことである。

もし自分が完全に旧世代のクリエイター側だったらテンプレ老害よろしく〝黎明期〟へのリスペクトが足りない最近のVTuberとやらの在り方を腐して終わっていたのかもしれないが、剣持刀也は初期衝動やマインドはいざ知らず、タイミングとしてはクリエイターベースから商業ベースに消費スピードが移行する端境期に誕生したVTuberだ。出自がすでに僕から嘆く権利を奪っている。

何故ならクリエイター時代に最期のトドメを刺したのが収益化の波だとすると、最初にクリエイターたちから日の光を奪ったのは他でもない、高頻度長時間の配信というスタイルをVTuberに定着させてしまった「にじさんじ」なのだから。


と、ここまでつらつらと今は亡き黎明の輝きに思いを馳せてきたが、もし収益化の波がなかろうがにじさんじが現れなかろうが、消費に限りがある黎明期のスタイルが旧態依然にいつまでも通用するはずはないなんてことは当時の僕だって分かっていた。「半ナマ」なんて表現をされている通りVTuberはどんなに頑張っても半分は〝生〟きているのだ。人気が出ればタレント化するし、美学を持つ者がどう抗おうと消費が増えれば〝ナマ〟の要素は増えてくる。

それはVTuberが発展していく先に必ず待っている運命と言ってもいいだろう。

なので当時の僕が抱えていた問題は、VTuberの在り方をクリエイター時代のそれに戻せるか、ではなく、自分の初期衝動を失ったこの業界に、再び情熱を持てるかということだった。

こういう時にビジネスと割り切ることができれば楽なのだろうが、それは僕のプライドが許さなかった。そして不思議と辞めるという発想も湧かなかった。

僕はVTuberを趣味でやる時代に魅せられた人間だ。

VTuberを仕事でやるようになった時代を生きてきたとしても、根本は揺るぎようがない。趣味とは楽しさを求めてやるものだし、趣味に引退はない。

その芯だけは今この瞬間も1ミリだってブレていない。

熱を失って数週間後、相変わらず凪いだ心でインターネットを放浪していた僕は偶然YouTubeで懐かしい名前を目にした。

それは僕がVTuberになる前、バーチャルをただの視聴者として楽しんでいた時代に見たことがある数百人のVTuberのうちのひとりだった。

居たなぁこの人！　まだやってたんだ⁉と失礼ながら思ったことを今でも覚えている。

ノスタルジーに浸りながら昨日公開されたばかりだという最新の動画を再生してみた。

するとそこにはなんとも楽しそうに、昔とまるで変わらないスタイルでVTuberをやっているその人の姿があった。恐らくその人にとってはなんら取り立てて言うほどのことでもない、いつも通りの動画のひとつだったたと思う。

しかしそれは僕に確かな衝撃を与えた。

動画を観終わると、僕は黎明期のVTuberの名前を思いつく限り次々に検索した。

するとどうだ、沢山のクリエイターが当時のように、好きなように、何にも侵されることなくやりたいことをやり続けているではないか。スピードの速すぎる渦中に居たため目を向けられていなかったが、彼らは依然として誇り高きクリエイターだった。

もちろん辞めていった者、やり方を変えた者も大勢いた。創作において評価とモチベーションは切っても切り離せない。そのためにやり方を変えることは至極自然でむしろ健全と言えるだろう。

しかし忘れていた。

当時僕の胸を躍らせたのが、仕事にもならず注目もされていない中、ただ創りたくて物を創っている酔狂な変人たちだったことを。

先ほど僕は彼らが勝ちにいってないなんて書き方をしたが、とんでもない。

創作し表現する。それ自体が彼らにとっては勝利そのものだったのだ。

周りを気にせず（当然評価されたら嬉しいだろうが）、やりたいことを楽しんでるその人たちを観て、僕はとても誇らしく感じた。どうだ、僕が魅せられた人たちはこうも純粋で、尊くて、狂っている。

そして同時に自分を恥ずかしくも思った。

自分では気にしていないと思っておきながら、無意識に世間の評価というものを絶対的な価値としてクリエイターたちにも当てはめてしまっていたからだ。何に価値を感じるかなんて人それぞれなのに。

なんてことはない。僕が傲慢にも「VTuberの在り方」などと綴ったものは、2万人を超えるVTuberの中のごく僅か、数%の上澄みの中だけでの話に過ぎなかったのだ。速すぎる世界の中心で感覚が麻痺し目を回していた僕の周りには、古きも新しきも受け入れる懐の深いバーチャルという広大な世界が広がっていた。

この一件を経て、僕は失いかけていた界隈への情熱を取り戻した。

現状、消費速度の速さにより損なわれたものは確かに存在する。しかしその損なわれたものも実はバーチャルの他の地域では簡単に見つかる。それに消費速度の速さは恩恵だって数えきれないほど産むのだ。

バーチャルは変わった。

僕が訪れた時よりもずっと広く、豊かに。

というのが剣持刀也V熱消失事件の顛末だ。

配信では確実に言わないであろうことが書けてとても満足である。

かつて、とある対談で「VTuberとして大事にしていること」を聞かれ、僕は「道楽の域を越えないこと」と答えた。

剣持刀也がVTuber活動に望む価値は楽しさであると、この一件を経て改めて自分に立てたマニフェストだ。

世界が変わってもクリエイターたちがクリエイターたちで居てくれたように、僕もいつまでも僕で居続けようと思う。

そんな、人生を賭けて取り組んでいる人に怒られてしまいそうなマニフェストを打ち立てるくらいには、それなりの立ち位置にいる癖に責任感や義務感がまるでないのだが、それはバーチャル業界に対する絶大な信頼の現れなのだ。

どうせ面白くしてくれる、だから僕も好きに楽しめる。

始めたあの頃と同じように。

バーチャル全体が味方だと思うと頼もしいことこの上ない。自由気ままにもなるというものだ。背中を守るのは2万人のVTuber。

バーチャルエンジョイ勢剣持刀也、対戦よろしくお願いします！

僕は勝ちにいくぞ!!

剣持

▼魂の値段

剣持刀也がインターネット活動をする上で、スローガンとして掲げている言葉がひとつある。

それは「媚(こ)びない」だ。

何故僕が徹底して媚びたくないのか、媚びとはなんなのか。今回はそういう話をしよう。

僕が媚びたくない理由は大きく分けて3つある。

一つ目、媚びないほうが格好いい気がするから。

拍子抜けさせてしまったなら申し訳ない。

大義があるような書き方をしておいてなんだが、一つ目は格好いいからである。尖ってる時代の若手芸人が観客に愛想を振り撒かず、実力だけで沸かすのに憧れるのと同じようなメンタリティである。授業態度が適当なのにテストで満点取るやつ格好いい的な若者ゆえの憧れを体現中なのだ。

二つ目、同じ土俵でいるため。

多くの配信者にとって視聴者はお客さんである。ひとりひとりを大切にし、自分を好きになってもらうための努力をする（ここに媚びが生まれる）。VTuberを人気商売と考えたら当然のことだ。

しかし剣持刀也はVTuberが商売になり得なかった時代に始めた、いわゆるクリエイター時代の残党だ。そもそもの前提条件が違うので好きだからやっている側面が他の人より圧倒的に強い。

勿論これはどちらが良いという話ではなく、お金を稼ぐことは人生において非常に大切なことなのだが、僕はまだ高校生なのでそこまで頑張らなくてよいのだ。

相手にしているのは最初から今まで、変わらず〝視聴者〟である。

頭を下げながらでは本物のプロレスはできない。


三つ目、親に観られるから。


いやもう完全にこれである。

今までウダウダ書いてきたけど理由の9割はこれである。

観られるのだ。親に。

甘いセリフなど吐けたものではない。他のライバーの親御さんは観ていないのだろうか。

今後ライバーが何かをやらかした時のペナルティに「媚びボイス親聞かせ」を追加しよう。

きっとみんな品行方正になるよ。


ていうかボイス毎回出して甘いセリフ言い尽くしてる人とか今後の人生大丈夫!?

大人になっていざプロポーズする時とか「あっ、このセリフ２０３０年春満開ボイスで言ったな……」とかならない!!?

ならないか。そうか。

そんなわけで僕は長年「媚びない」という言葉と向き合い、戦ってきた。

いつの時代も媚びないように、もし一瞬でも媚びてしまいそうな雰囲気になったら一目散にその場から逃げ去って生きてきた。

しかし抽象的かつ人によって線引きが異なるこの言葉と長い間向き合いすぎたせいだろう。

僕は媚びに対して拗らせてしまった。

世間一般における媚びとは、

「見返りを求めて相手の気を引こうとする行為」である。


しかし媚びと向き合いすぎた僕にとって、媚びとはもはやそのような意味ではなくなった。

僕の定義する媚び、それは、

「他人の為にする行動全て」


母の日にカーネーションをあげたお前！　母親に媚びるな！！！！

子どもに誕生日プレゼント買ってあげたお前！　息子に媚びるな！！！！

ファンのため？　はい！！　あなたは今媚びました！！！！！

ファン感謝祭？？　媚び媚びフェスティバル開幕じゃあああああああ！！！！！


本を売るのは待ってほしい。


僕がこんな風になってしまったのは他でもない君たちのせいだ。

昔は正常に機能していた脳内の媚びファイアウォールも、コメント欄にあった「剣持は媚びないのが媚び」という一文を目にして以来、エラーを吐き続けている。

人ひとりを破壊した君たちにはこの文を最後まで読む責任があるのだ。


では、人のためにする行動全てが媚びなのだとしたら、媚びないようにするには人のために何もしない無愛想で不親切な人間になるしかないのだろうか。

媚びない上で社会性を有するということは不可能なのか。

否、可能である。

他人のために行動できないのなら、自分のために行動すればよい。

日頃の感謝を伝えたいから母親にカーネーションを渡し、笑顔を見たいから子どもに誕生日プレゼントを買い、応援してくれたファンに恩返しをしたいからイベントを興す。

単なる言い換えのようだが、他人にしてあげるのと自分がするのでは姿勢が大きく異なる。

自己完結のエゴイズムを前に媚びの入る隙など有りはしない。

加えてこの理論はメンタルの強化にも通ずる。

媚びにしろ恩にしろ、売ってしまったら対価を欲するのが人間。しかし自分がやりたくてやっているのであればそれがすでに対価なのだ。自分の善意をお節介と言いきれる人間は誰にも裏切られない。

ありがた迷惑という言葉があるように善行のつもりで人を煩わしてしまうことがあるなら、お節介という悪行でたまに善人になる道を選ぶというのも面白いのではないだろうか。

どうだ、まさかこの題材で学びがありそうなことが書かれるとは思っていなかったろう。

これは教典なので隙を見ては教えを説いていくぞ。教祖というのもなかなかどうして大変なものである。

う〜む、それにしてもなんて素晴らしい理論だろうか。〝自分がやりたくてやっているので媚びではない！〟

これは無敵の理論ではないか⁉

これはもう媚びから逃げきったと言ってもよいのではないか！！？

よっしゃあああああ！！！　ざまぁみやがれ！！！！　これで剣持媚びてね？とか言われることはなくなるんだ！！！！！！　ヒャハハハハハ！！　媚びから逃げた！！！　媚びから逃げた！！！！！！！　Hoooooooo！！！！！

ハハハハハハハ！！！

ハハハハハハ！！

ハハハハッ

ハハハ……

……

皆さんはこのようにはならないでください。

後述）僕と正反対のVTuberでありながら盟友である叶くんに媚びについて尋ねてみたところ、最終的に喜んでくれる人がいるなら良いと言っていた。

剣持にホスピタリティが無かっただけでした。

▼エンタメ病患者、マシュマロを喰らう

完全に病気だこれ。

健康優良児で知られる僕が自分にそんな烙印を押すことになったのは、とある休日の昼下がり、VR施設で同僚の葛葉と遊んでいた時のことだった。

VRゲームが沢山遊べるその施設に来るのは僕も葛葉も初めてで、技術の進歩と体験の面白さから大はしゃぎの二人だったのだが、僕は途中から遊んでいる葛葉にあるひとつの違和感を抱く。

あれ？　さっきから葛葉のリアクション……。

これ、聞く人がいる前提のリアクションじゃないか？

ゲームが始まるや否や必要が無いはずの状況説明を逐一済ませ、大きめなリアクションで起こる全てに反応している葛葉。

その施設のＶＲゴーグルは音も発するようにできており、プレイ中はゲーム音で外部の声は聞こえないため、同時にプレイしている僕宛てのリアクションでもない（葛葉の声が聞こえてきたのは僕がひと足先にゲームオーバーになったからだ）。

こいつ！　配信やりすぎて配信してないところでも〝やって〟やがる！　完全に職業病じゃねえか！

と本来なら大笑いするところであるが、僕にはそれができない訳があった。

僕もだったからである。

ゲームオーバーになってゲーム音が止み、葛葉の大声が聞こえるようになるほんの数秒前まで僕の耳に響いていたのは、必要が無いはずの状況説明を逐一済ませ、大きめなリアクションで起こる全てに反応していた僕自身の声だったのだ。

その後も止むことなく「やめろ〜!! 振り下ろすな〜!」と響き渡る葛葉の声。

お前がやめろ! 僕もさっき同じこと言ってた!! 誰も見てないんだからただ「うわーー!!」って言っとけばいいんだよ!

配信者同士の謎の共感性羞恥にひとりVRゴーグルの中で赤面する僕の姿がそこにはあった。

配信者の視聴者意識の度合いというのは本当に千差万別で、真摯に黙々とゲームをやり続ける人もいれば、常に聴衆に向けて話し続ける人もいる。どちらが優れているということはないこの二種類だが、僕は完全に後者である。トークに集中しすぎたらゲームのプレイが電話中の落書きのように適当になってしまうのでゲーム配信などではセーブしているものの、凸待ち配信などでは顕著で、人によっては凸者と二人だけの世界に入って会話を繰り広げるのだが、僕の場合は二人の会話の最中でも補足が必要だと思えば相手の話を一度止めて説明を入れたりする。

ニッチな話や深い話にまで至らないその特性から視聴者意識の高さはキャッチーさを生みやすいが、流石にVR施設の一プレイヤーが急にキャッチーな実況をしはじめるのは少し病的だと思うので自戒しようと思う。

さて、こんなことを書いていると「視聴者意識が高いということは、視聴者のことをよく考えてくれてるってこと!?」と自分に都合が良い勘違いをする民が現れるが、それは早々に否定しておく。

見られている意識があることと、見ている人を意識することは似ているようで全く違う。

僕に届いたマシュマロの多さ（先日１００万通を超えました）がある意味、僕が視聴者一人一人を意識していないことへの証左になるだろう。

本の冒頭で述べた通り剣持刀也はエンタメなので、届くマシュマロは荒唐無稽なギャグばかりであるというように見せているが（実際その側面は他の配信者に比べかなり高いと思うが）、もちろんそれだけで構成されているということはなく、そこはちゃんと匿名のメッセージツールらしく様々なものが届いている。

その中でリクエストやアドバイス、クレームなど、寄り添えるお便りを仮に全体の20％だとすると、ざっと20万回は意見に寄り添うチャンスがあったという計算になるのだが、僕はなんとこの5年間、その一切をしてこなかったのである。

これは僕の逆張りレベルがカンストしているということではなく（自分が向かう方向を指し示したものがあったとしても踵を返すことはしない）、ただ圧倒的な自負心が僕に備わっているだけなのだ。

仕事だったらいざ知らず、好きでやっているこの道楽の楽しみ方を自分以上に知っている者などいないという自負心が。

なお、意見に寄り添わないのであればその20万通は無駄なのではないかと思われるかもしれないが、それは断じて違う。

直接答えこそ書かれていないものの沢山の学びを与えてくれるそれは、しっかりと僕の中に息づき、形を変えて僕が答えを見つける助けになってくれているのだ。


それから時々、面白いマシュマロが送れませんなんて謙虚なマシュマロが届くこともあるのだが、それについても全く心配することはない。

何故なら、僕はマシュマロを募ったことで心から誇れる一つの数字を手に入れたのだが、それは届いたマシュマロの数ではなく、人がスベっているところを見た回数だからである。

総マシュマロが100万だとして、少なく見積もって30万回は人のスベりを見ているのだ。ここ5年で言えば、ほぼ間違いなく世界で1番人のスベりを見ているのが僕なのだ（これ凄くないか!?）。

とは言っても、これはそういうものを是としている僕のスタイルがそうさせているだけであり、これからも上手く調理していくことを約束するので、今までしたり顔で送ってきた人達はどうか絶望しないでほしいし、ハードルの高さに躊躇（ちゅうちょ）しているという人達も安心して送ってきてほしい。

心をすり減らす恐れがあるとして、にじさんじでは現在非推奨になってしまった匿名メッセージツール、マシュマロ。

しかし僕は視聴者とVTuberが織りなす双方向性のコミュニケーションが昔から大好きで、この先もそのエンタメを手放すことはないだろう。

そして、エンタメにしない部分においても僕はマシュマロを大切に思っているのだ。

僕にとってもう一つ、マシュマロで誇れる数字があるとすれば、それは読んできた数だろう。

当然、心無い文と言われるようなものだって届くことも無くはないが、僕に言わせればインターネットを主戦場に選んでおいてチヤホヤだけされようというのがお門違いなのだ。

僕はこの先も変わらず、善意であれ悪意であれ無作為であれ、初配信をする前から既に公言していた通り、剣持刀也に宛てた全てのメッセージを受け入れよう。

寄り添いはしないかもしれないし、読み上げることもないかもしれない。

けれど僕はちゃんと見ているし、もっともっと多くを目にしたいのだ。僕を病みつきにさせて離さない魅力的なインターネットのかたまりを。

▼未知の闇を照らすもの

僕はいつだかのお悩み相談コーナー「剣持が斬る！」にて、「夜が来るとどうしてもネガティブになってしまう」というお悩みに対し、それはあなたが夜暇だからと返したことがある。実際、ネガティブは暇を好物とする生き物であり、没頭がその特効薬になるというのは間違っていないだろう。誰でもすぐに励める良い解決方法であるとも思うのだが、僕はその回答をしている自分に少なくない違和感を抱いていた。

それは他でもない僕自身が「今自分はネガティブになっているから何かに打ち込もう！」みたいなことをしたことが無かったからだろう。自分がやっていない解決法を人に説くというのは何だか変な感覚があった。

では、僕はネガティブとどう向き合っているか。

それを語るにはまず僕が人生において最も尊ぶべきであると思っている知識と経験について論じなければいけない。

知識と経験、バーチャルに来るまでの僕はそれの重要性を漠然とは理解していても、何がそんなに重要なのかと問われれば、それに対する具体的な答えを持っていなかった。しかし今なら確信を持って言えることがある。

現代社会において知識と経験がもたらす最大の恩恵は精神的余裕である。

太古から紡がれた知識と経験の蓄積により人類はある程度の身体的余裕を獲得した。１００年前まで24歳程度だった平均寿命は73歳程度まで上昇し、生命が簡単に脅かされることは少なくなった。今この瞬間も人類は発展し、身体的不快からの脱却に成功している。

生存が安定したことにより、現代の日本社会に生きる我々にとってなにより大切なのは精神的余裕となった。新しい環境への不安、人間関係での摩耗、境遇への不満など、精神への負担というものは時代が変わろうと完全に無くなることはない。

しかしこの世に存在するほとんどのネガティブは、知識と経験によって確実に減少させることができる。

何故ならほとんどのネガティブは「未知」から来るものだからである。

スイカの種を飲んだらお腹から発芽すると言われて震え上がる子ども、コンビニで年齢確認ボタンを押してくださいと言われてブチ切れるお爺さん、上層部は腐ってると居酒屋で咆える現場の労働者。

全て同じである。全員が未知と未経験からくるネガティブに苛まれている。

スイカは人間の体内で育たないし、コンビニには合理的にマニュアル化された年齢確認が存在する。上層部とやらも一人一人が人間として、その道のプロとして、自分のキャリアや生活のために会社と向き合って仕事に臨んでいるに違いないのだ。

知識があれば、もし知識だけで汲みきれなくても経験があれば、必ずネガティブは減少できる。

この世に存在する様々な立場や場面。

客、店員、子、親、受験生、面接官、加害者、被害者、末端、根幹、有能、無能、地元、海外、順境、逆境……。

その全てから得られる、経験や知識の蓄積が生み出す優れた客観性こそが、未知の暗闇を照らし悪感情の入る隙を無くす光となるのだ。

そんなに沢山経験を積むのは大変だと思われるかもしれないが、当然全てを経験する必要は無い。素晴らしいことに知識や経験は流用が利くのだ。知識や経験は蓄積することにより精度の高い類推を可能にさせる。

知識や経験によるネガティブ減少の凄いところはネガティブが発生する前にその根元から断てることだろう。というのも、一度発生したネガティブは別のネガティブを誘発してしまうことが少なくない。

僕が剣道部に入ってしばらくした頃、僕よりも上手い子との校内試合で、誰が見ても分かる誤審で僕が一本を取ったことがあった。速度が非常に速い剣道の審判はとても難しく、誤審は正直そこまで珍しいことでは無い。かくいう僕もその時点ですでに誤審をされたことも、したこともあった。剣道は二本先取なので冷静に戦いさえすれば彼はいつものように僕に勝てるはずだった。

しかし後から聞いた話によると、その時の彼にとって誤審は初めての出来事であり、加えて審判をやったこともなかったらしい。怒りと疑問から来る動揺による彼のパフォーマンスの低下は明らかで、結局僕は二本目も取って勝ってしまったのである。

健全に勝敗がつかない経験、ジャッジをすることの難しさが分かる経験が彼にあれば、ネガティブから来る動揺も減り、違った結果になっていたかもしれないが、問題はその先だ。

実力が下だと思っている相手に負ける経験が無かった彼は、半ば理不尽な負け方をしたことも併せて、完全に萎えてしまった。僕との試合後のその日の彼の戦績はボロボロで、機嫌が悪くなった彼はその姿勢を咎めた別の同級生と口論して不和も起こしてしまった。

なんという紙一重だろう。結果として彼は、誤審されてネガティブになり、その動揺で負けてネガティブになり、やる気の低下で負けてネガティブになり、それを咎められてネガティブになり、口論した結果不和を起こしてネガティブになったのだ。

これがもし、最初の誤審で落ち着いていられたらと思うと、まずネガティブを発生させないことの大切さがよく分かる。

泣きっ面に蜂という言葉があるが、もしかしたら蜂に刺されたのは偶然ではなく、泣いて暴れた振動で蜂を刺激してしまったからだったりして。

以上のような理由から、僕はネガティブと向き合う前の段階で、無意識的に知識と経験でその事象について推し量りまくってしまうため、ネガティブな感情と相対することがそもそもめちゃくちゃ少ないのだ。

そしてその上で、もしネガティブと向き合わないといけない時が来たら、僕は敢えてネガティブな感情をしっかりと味わうようにしている。

機会が少ないからこそ、それは貴重で、理屈っぽい僕が理屈をつけきれなかった感情はきっと僕にとって大切な、純度の高い何かなのだろう。

それを獲得するのもまた経験に違いない。

冒頭に没頭はネガティブの特効薬と書いたが、それはネガティブを避けるべきものだとした時の話だ。確かに強い感情と真正面から向き合うのは大変なことだし、受け入れられない時は一度退避して時間の力を借りるのも良い。

しかし、もし強いネガティブと真正面から向き合い、自分や相手、世界が何故そうなっているのかを深く考えることができたなら、その時ネガティブは知識や経験という名の武器になり、今後の自分を助ける存在になるに違いない。向き合うその一瞬は弱くされても、順風満帆からじゃ見えないその視点を得ることは、その人生をより太く、強固なものにさせるはずだ。

昔の人々の無数のトライアルアンドエラーのお陰で、少ないリスクで様々な物事に挑戦できるようになった現代。僕はこの時代に生まれて本当に良かったと思っている。

単に好きでやっていたことから得られた知識や経験は僕をどんどん強い人間にしてくれているし、強さはまた新たな世界への鍵となるのだ。

僕はこれからも、やり尽くすということが無いこの世の中で、良いことも嫌なことも思う存分経験し続ける所存だ。

リアルでもバーチャルでも、いつか目まぐるしい走馬灯を見るその時まで。

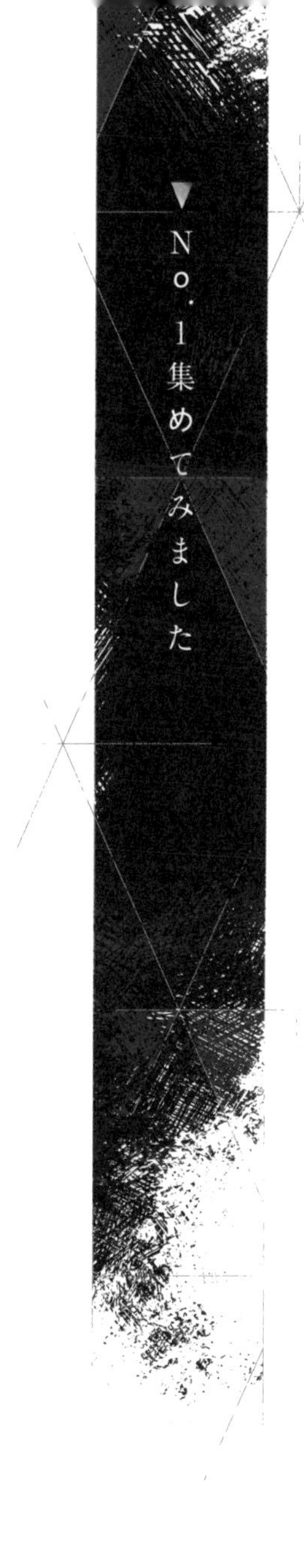

インタビューや質問コーナーなどを受けるにあたって、ある程度の回数をこなしたことがある人間なら誰しも思うことが一つある。

それは「あぁ、またこの質問か」だ。

いや！　良いんです!!　全然ありがたく受け答えさせていただいてます!!!

皆が気になっている部分を訊きたがるのは当然であるし、どの媒体がその人の初めてになるかは分からない。良い質問が被ることは至極真っ当な理由があってのことだ。

しかし、しかしだ。答える側はどうか。

単刀直入に言おう。

あまり同じ質問され続けると同じこと言うの飽きてきて、だんだん適当なこと言いたくなってくるんだよね!!（カス）

しかし、まだギリギリそれをするに至っていないのには理由がある。

それは決定版と言うべき、後世に残り続ける真実を記した公式の書がこの世に存在していないからである。

それが無い状態で方々で違うことを言っていたら「一貫性が無い奴」だと思われかねないが、真実を真実として一回残してしまえば、その後は何を言っても「インタビューで本当のことを言わないだけの奴」になるのだ（それもどうなんだ）。

なので、僕はこの機会に、よく訊かれることランキング上位の「活動を通して一番〇〇だったこと（もの）」をここに書き記していこうと思う。

訊かれたことがあるものも無いものも合わせて、せっかくのエッセイなのでバーチャル部門とリアル部門の二つに分けて書いていく。

これで今後、僕が別の媒体で全然違うことをのたまっていてもそういうことだと思って笑ってほしい。

これが剣持刀也のQ&Aの決定版だ！

「一番尊敬している人」バーチャル

月ノ美兎

良き友人であり、共に黎明を生き抜いた戦友であり、変わらず一番尊敬している先輩である。

いくらでも装飾を施せる煌(きら)びやかなこのバーチャルの世界で自分の身一つで邁進する彼女を、いつだか〝飾らないのに光り輝く規格外の等身大〟だなんて形容したことがあるが、その評価は今だって全く変わっていない。僕がにじさんじに来た理由たる彼女は今日も見たことの無い色の輝きで世界を魅了している。

「一番尊敬している人」リアル

父親

こんな問いには本来「両親」と答えるべきなのかもしれないが、ここは昔の自分に倣うことにする。

というのも、僕の通っていた小学校では1年に一度自分のプロフィールを書く決まりがあり、好きな食べ物からマイブームまでいろいろと書いていくのだが、当時の記憶こそ全く無いのだけれど、小2の時の尊敬する人の欄にはちゃんと「両親」と書かれていたのに、小3以降の尊敬する人の欄には「父親」とだけしか書かれていなかったのである。1年で一体何があったんだよ。そしてうちの母親、息子に舐められだすの早っ！

いやまぁ、うちの母親は愚かしくも愛らしいタイプの人間なので、きっと尊敬という言葉以外の相応しい表現が幼いながらに自分の中で定まっただけなのだろうけれど。父親に関しては本書に掲載されている対談を読んでほしい。非常にスマートでユーモラスな尊敬できる父親である。

「一番申し訳なかったこと」バーチャル

たまにファンアートで書いてもらううちの飼い犬が実はとっくに死んでいること

たまに僕が犬を抱いている絵を描いていただいたりすることがあるのだが、言っていないだけで実は完全に死んでいる。完全に死んでいる犬のファンアート描かせてすまん。

「一番申し訳なかったこと」リアル

最近までLINEアイコンにしていたうちの飼い犬が実はとっくに死んでいること

ＬＩＮＥを交換するたびに「え！　可愛い！　犬飼ってるんですね！」「えぇ、まぁもう死んでいるんですけど」「え？」「完全に死んでいます」という罠のようなコミュニケーションを何度も繰り広げてしまったこと。

「一番ありがたかったこと」バーチャル

伏見ガクの人間性

伏見ガクを悪く言う人に会ったことがない、どころか、伏見ガクを良い人と言わない人に会ったことがない。これはなかなか凄まじいことで、人間に期待をしない僕ですら彼の人格には絶大な信頼を置いているあたり、彼の善性は少々常軌を逸している。それでいて俗っぽく、取っ付き易い彼は、居るだけでその場の空気を良くしてくれる。これほど相方に欲しい人材が他にいるだろうか。

本当、底抜けに良い人――

否、底はちゃんとヤバイ。

「一番ありがたかったこと」リアル

常識を備えてくれた環境

僕は自分のことをかなりの常識人だと自負している。真っ当に育ってきたという経験値はエンタメ業界において実はとても尊く、大衆に伝わるツッコミや例えは大衆を経験していないと出てこないし、世の中の平均を逸脱していないという確信がなければ違和感を力強く指摘することもできない。

そして自然を知っているからこそ不自然の面白さに気付けるとするならば、僕にとって

〝不自然〟だらけのにじさんじは遊び尽くせぬおもちゃ箱のようなものだ。非常識に塗れたこの集団を一番楽しめているのは常識人たる自分に違いない。

なんてことを昔、ガクくんと話していたら「刀也さんの非常識に対する愛は常識の範疇を超えてますけどね」なんて上手い返しをされてしまった。

「一番嬉しかったこと」バーチャル

アンチからの悪口がラップで送られてきたこと

しゃぷらじのゲストにばあちゃるさんを呼んだ時のことだ。当時、彼がプロデューサーを務めていた「アイドル部」は女性バーチャルアイドルグループとしてのブランディングを徹底しており、男性Vと絡むような機会をほとんど避けていた。

そのため、間接的とはいえ剣持刀也という男性Vが「アイドル部」に接近したことを一部のファンは快く思わず、その中の一人が、僕への悪口をラップにしてしゃぷらじのラップ募集に送ってきたのだ。

「素晴らしい！　なんて粋なんだ！」、純粋にそう思ったのを今でも覚えている。エンタメじゃない本物のディスのラップ、それは僕がカメラを通さずに見た初めての「HIPHOP」で、向こうは当然喜ばせるつもりなんて毛頭無かっただろうけれど、HIPHOPヘッズの僕は大興奮してしまったのだ。

そして書いていて思ったが、「一番嬉しかったこと」の項目で〝アンチラップ〟が〝ファンレター〟に勝っちゃ絶対駄目だろ。こんな奴ですみません。

「一番嬉しかったこと」リアル

剣道での成長

僕の高校の剣道部は強い。

強豪校は練習試合に遠征、合同合宿と、試合数がとにかく多いため、統計データとしてあるものが見えてくる。それは自分が今どれくらいの腕前でどの程度の立ち位置にいるか、ということだ。

試合で他校に行き顔見知りが増えていく中で、この人には勝てる、この人には勝てないという情報が否が応でも入ってくるのだが、大事なのはその情報がどんなに精密だろうと「その時点で」の情報に過ぎず、そこから先の努力や環境、才能次第で簡単にひっくり返るということだ。「練習は本番の様に、本番は練習の様に」なんて言葉があるが、試合がひたすらに多い強豪の世界では一つ一つの試合結果より単純な強さに執着をするため「練習こそが本番」なのだ。努力のしがいがあるというものである。

「一番ヤバかったこと」バーチャル

ライブで歌唱中に足を攣ったこと

剣持刀也の記念すべき1stソロイベント「虚空集会」。その最後を締めくくる大事な歌唱パートの1曲目で僕は足を攣った。

攣った瞬間、激しい痛みと共に頭に浮かぶ沢山の選択肢。

泣き叫ぶ、歌うのをやめる、我慢する、泣き叫ぶ、動くのをやめる、泣き叫ぶ……。

一瞬で頭をフル回転し僕が叩き出した答えは「治るまでステージで全力で屈伸運動をし続ける」だった。

信じられないかもしれないが、僕は本当に曲が流れている中、ステージで何度も何度も屈伸運動をし続けたのだ。しかし、そんな奇人パフォーマンスはありがたいことに誰にも見られることは無かった。ちょうど足を攣ったタイミングの数秒後、「剣持の体が100%ステージの中に埋没する」という演出が偶然設定されていたのだ。今まで数多のステージをこなしてきた僕だが、体がステージに埋没するなんて仕掛けをしたのは後から振り返ってもその曲だけのことだったので本当に奇跡だった。お陰で僕は体が埋まったステージの中で何度も何度も屈伸運動をし、無事ステージで足を攣るというイレギュラーを乗り越えたのだ。

これを見ているVTuber諸君、君もステージでのトラブルやリスクを減らすべくライブ中にステージの中に埋まろう！

「一番ヤバかったこと」リアル

車が自分の足の上を通過したこと

小学1年生の時、僕は兄の影響で合気道を習い始めた。幼い頃から儀式めいたものが好きだった僕にとって合気道はドンピシャで、道場に一礼してから入るのも、道着という定められた服に袖を通すのも、その全てが僕をワクワクさせた。人がしきたりやルールと向き合う瞬間、大人や子ども、立場といった概念は霧散する。末っ子の僕はその感覚が楽しかったのだ。

しかし、そんな楽しかった合気道を僕は1ヶ月で辞めることになる。

道場の前を運転していた合気道の先生の車が、僕の足の上を普通に通過したからである。めちゃくちゃ絶叫した。

子どもの頃はどういうわけか「動いている車に接触したら死ぬ」という確信があったため確実に死んだと思った。

何故か無傷だった(なんで?)が、怖すぎたので合気道は辞めることに。走る車の前に合気道は無力だった。

「一番印象に残っている光景」バーチャル

バーチャル初日の出

僕は16年生きてきて初日の出を見たことが一度だけある。それも普通の初日の出ではない。バーチャル初日の出だ。

2018年12月31日から2019年1月1日にかけて行われた「バーチャル大晦日」というニコニコの年越し特番。それは当時の人気VTuberが大勢集い、バラエティや歌で年末を彩るというもので、フィナーレはあのバーチャルグランドマザー小林幸子さんの歌を聴きながらみんなでバーチャル初日の出を観て年を越すというなんとも豪華なものだった。VTuber好きが高じてVTuberになった僕としては、僕にとってのスター達と共演し、VTuberクイズ大会で優勝し、ゲーム大会の司会をこなし、最後に超大御所の歌を聴きながら人生初めての初日の出を観て年を越せるなんていうのは出来過ぎも出来過ぎで、その時の多幸感は今でも忘れられない。僕のバーチャル人生における最大瞬間風速は今のところこれかもしれない。

「一番印象に残っている光景」リアル

散歩に行った母親と飼い犬が血まみれになって帰ってきたこと

いつもの如く母親が犬の散歩に出かけた時のこと。街灯が少なく見通しも悪い夜道を犬と一緒に歩いていると、正面から同じく犬の散歩をしている男子中学生が現れた。近所のよしみで挨拶をしようとしたら、突然うちの犬が相手の犬に向かって猛烈に吠え始めた。

うちの犬はパピヨンというわゆる超小型犬に該当する種で、ことわざの通りそれはもうよく吠える。暗闇から急に現れた大型犬に警戒心ＭＡＸで威嚇したうちの犬だったが、緊張状態にあったのはどうやらうちの犬だけではなかったらしい。突如喚き散らしてきたうちの犬に激昂した向こうの犬は、一瞬でうちの犬との距離を詰め、かみつく（いりょく：60）を二回くり出したかと思うと、瞬く間にうちの犬を戦闘不能にしてしまったのだ。

出会い頭が起こりやすい見通しの悪い地形、飼い主の状況把握を遅らせる暗闇、犬を連れていたのが大型犬の本気を掌握できる体重を持たない中学生だったことなど様々な悪条件が組み合わさった結果、母は血だらけの犬を抱き抱えて帰ってくることになったのだ。

うちの犬はいわゆる〝アホの子〟として可愛がられており、冬にストーブに暖まりに来たと思ったら数分後煙を上げて焦げていたり、寝言を言ったと思ったらその声量にビックリして飛び起きたり、当時小学生だった僕もうちの犬のことを〝ギャグキャラ〟として認識していた。

漫画など創作物においてギャグキャラは基本的に死なない。過度な緊張感や悲壮感は笑いの邪魔になるからだ。

だからこそギャグキャラであるはずのうちの犬が、洒落にならない大怪我を負うというシリアスな状況に陥っているその光景は僕にとって違和感と衝撃の塊で、玄関で呆然としている母親と一緒にしばらくその場に立ち尽くしていた。その時犬は絶対「いや早く助けてよ」と思っていたと思う。そもそもの見た目の凄まじさとも相まって、この時の光景は忘れられない記憶として僕の心に強く残っている。

ちなみにうちの犬はというと、事件から数ヶ月で元気に散歩できる日々を取り戻し、僕の配信中に大鳴きするなど、その天寿を全うするまで生涯ギャグキャラを貫き通した。

「一番感銘を受けたこと」バーチャル

椎名唯華の哲学

全にじさんじライバーの中から毎回くじ引きでゲストを決めるSECRET RADIOという企

画をやっていた椎名。

本当にランダムで決めているというその度胸を素直に褒めたら「だって、絶対面白くなるじゃないですか！」と笑いながら言い放った。

相性や共通点、文脈を考え、〝面白くする〟をゴールに据えて動く慎重派の僕にとって彼女の〝面白くなる〟という表現はなかなかに衝撃で、それというのも、その時の表情を見るに、その言葉が無責任な彼女らしくもなく、彼女の無責任さから放たれた適当なものではなく、彼女の世界への信頼から放たれた心根だったからだ。

この子には世界がどう見えているのだろうと思ったものだ。

運ゲーで神様が彼女に味方したくなる理由の一つを垣間見た気がした。

「一番感銘を受けたこと」リアル

全く異なる視点に初めて触れたこと

小学3年生の時、一人の転校生（以後Aくんとする）がうちのクラスにやって来た。アメリカと日本のミックスだというAくんはそれまでアメリカの学校に通っていたらしく、カタコトの日本語で自己紹介をしてくれた。

当時から新しいもの好きで好奇心旺盛だった僕は、彼ともすぐに仲良くなり、毎日一緒に遊ぶ仲になった。

そこから1年が経ったとある日の放課後、すっかり流暢（りゅうちょう）な日本語を話すようになったAくんを含む僕ら数人は、授業で取り扱われた戦争の話について喋りながら下校していた。外部から大人が来て戦争や原爆の悲惨さを伝える特別授業は子どもも心になかなかのインパクトを残したらしく、普段下校中に授業の話をすることなど滅多にないのに、その時はその話で持ちきりになったのだ。

しばらく話していると、遂に一人が「原爆を二度も落とすなんてアメリカって酷いよな」と言い出した。思想という所までも達していない「攻撃をされたから」というだけの小学生らしい稚拙な理由での発言だったと思うが、Aくんと仲が良かった僕は一抹の気まずさを感じた。今から考えると講義をしてくれた外部の方の語り口からはとても強い愛国心が伝わってきたし、戦争においてどちらにも正義があるということをハッキリと理解する前だったので、僕も多少なりともそう思っていたからである。

しかし、それに対しAくんは真っ直ぐな瞳で「いや、酷いのは日本だよ！」と言い放った。その瞬間、僕は自分の世界が一気に広がった感覚を得るとともに「世界おもしろっ！！！」と打ち震えたのを覚えている。

物事一つにしても人それぞれ感じ方が違うというのは道徳の授業やらなんやらで知っていたが、これはそれとも違う。知る過程から違っているのだ。彼がアメリカで何をどのように教わって来たかは知らないが、彼の声色に宿った信念を感じるに、この世界は一つの視点だけで完結させるにはあまりにも勿体無いのではないかと、その時僕ははっきりと思ったのだ。

にじさんじに入ったこと

僕はVTuberこそが最高の趣味の一つであると確信している。今まで自分が獲得してきた全て、またはそれ以上を手札に、描きたいように描ける人生。そんな夢のような遊び場の住人になれたのは本当に幸せ以外のなにものでも無い。

物語の始まりから現在に至るまでを全て見てきたし、男性VTuberとして、にじさんじとして、剣持刀也として、物語にしっかり携わってきたという自覚もある。

元からバラエティに富んだ最高の人生を送っていた自信があったのだが、なんだか容易く最高を更新されてしまったようで悔しくも清々しい思いである。

「一番大きい出来事」リアル

両親が出会った地に向かうため一人海外に行ったこと

僕の両親は海外で出会っている。

共にバーチャル日本人だが、二人とも世界を旅していた時期があり、出会いはその最中のオーストラリアでのことだった。

両親が語る海外での話は幼少の僕にとって冒険譚そのもので、そのような環境で育ったものだから子どもの頃から海外には当たり前に憧れを抱いていた。

その後も英会話教室に通ったり、アメリカ人の転校生と親友になったり、その子のお父さんのツテでしばらく米軍基地で過ごしたり、人より少しだけ海外に身近な人生を生きてきたように思う。

そんな僕と海外との絶妙な距離感が生じさせる飢餓感は、僕の海外に行きたい欲に拍車をかけ続けた。

そして遂に、一人で海外に行っても大丈夫だろうという認許を自分に下せるようになった高校1年生の冬、僕は一人でオーストラリアに飛び立つことになった。

他にももちろん行きたい国は沢山あったが、そこが自分という存在を作りだした両親が出会った始まりの場所だと考えると、最初の海外に相応しいと思ったのだ。

初めて足を踏み入れた海外は期待していた以上の輝きを僕に見せてくれた。

日本とまるで違う風土、平気で外を裸足で歩いている人達、外国が故の仲良くなった証のボディタッチだと思ったらちゃんと痴漢だった花火大会の男、出会って早々に好意で蟻を食べさせてくる老人、道で挨拶しただけの僕に突然日本円で50万円くらいの大金を見せ「お前は見てるだけでいい！　座って見てるだけでいいから来い！」と言って車でどこかに連れて行こうとする怪しすぎる男、「全員しっかり酔ってるけど歩いて帰るの？」と聞いた僕に「当たり前だろ！」と返した数分後、逃げる僕を捕まえてゴリゴリに飲酒運転で帰宅するホストファミリー、聞いていた通りの未知がそこにはあった。

豪州での数週間を終え、寒さに震える冬の日本にビーチサンダルで帰国した僕は（日本から履いていった靴は海で泳いでいた時に盗まれてしまった）、敢えてそのまま家に帰ることはせずその足で近所の神社に向かった。特段信心深いというわけでは無い（教祖の台詞とは思えないな）が、国相手にただいまを言う場所があるとしたら神社なのかなと思ったのだ。境内の張り詰めた空気の中、帰国の挨拶を済ませた僕は帰り際におみくじを引いた。結果は大吉で、そこには「遠方から待ち人来る」と綴られていた。その時は「他の人ならいざ知らず、この僕に示された〝遠方〟は海の向こうに違いない！」なんて思っていたものだが、数ヶ月後、僕の運命を変えることになる待ち人達、にじさんじ一期生は僕の想像なんて軽く超えて、バーチャルの向こう側からやって来たのだった。

第二章
対話篇Ⅰ
剣持が斬る！
koku
kyoten

お便り

vol.

1

アイデンティティを失っています

今年美大に合格したのですが、周りのレベルの高さに完全に打ちのめされました。

これまで自分より上手い同学年なんて会ったことが無かったので、突然自分の能力が大したものではないと気付かされたこと、絵が上手いというアイデンティティを失ったことにショックを受けています。それまでは「将来はこんなことを成し遂げてやる」と大志を抱いていた自分もいたのですが、今では冷静になってしまい、大志など抱かずにこじんまりと生きるほうがいいのではないかと思う始末です。

人生って案外こういうものなのでしょうか？

人生はさらに残酷で、それが故に頑張り続けなければいけません。

技術だけ持っていればその先は安泰なんていう素敵な世界があれば、あなたは気持ちよく敗者としてドロップアウトできたかもしれませんが、生憎世界はそんなに優しくありません。大志を抱きながらずっと一つの世界の住人で居続けることは生半可なことではないのです。どれだけ卓越した技術があろうと、メンタルの不調、モチベーションの消失、人間関係のいざこざ、私生活での出来事、病気や事故など無数の理由で、人間は簡単にその場に立つことができなくなります。

つまり、その分野における純粋な技術（ここでは画力）というのはその世界の住人で居続けるための数多ある技術のほんの一つでしかないということです。

同じく、現時点では純粋な技術で劣っていようとも、努力、機会、柔軟さ、コネクション、タイミング、運というような純粋な技術以外の別の要因でも立場は簡単にひっくり返りますし、真摯にその世界の住人で居続けることができたなら純粋な技術だっていつの間にか逆転しているかもしれません。

しかし、あらためてこれは救いの話ではありません。才能すら言い訳にできない、才能を持ってしても生きていけないような過酷な世界で最後まで立っている強い人間にあなたはなれますか？

お便り

vol.

2

どうすれば友達ができますか？

剣持さんこんばんは。僕の悩みは友達ができないことです。

今年から高校生になったのですが新しい環境にまだ慣れず、友達もできません。親や別の高校へ行った中学の同級生から毎日のように「友達できた？」と聞かれます。自分から話しかければ友達はできると言われますが、そんなことができていたらとうの昔に友達はできているんです。

どうすれば友達ができるのでしょうか？　よろしければ教えてください。自分から話しかけろなんて回答は待っていないので言わないでくださいね？

黙れクソガキ

すみません。なんか書き方に苛立ちを感じたので黙れクソガキが出てしまいました。まぁ若気の至りということで寛大な心で許してあげましょう。本来こんな他責思考のガキの悩みなど黙って自分から話しかけろで終わりなのですが、小賢しいことに先手を打たれていたので別の回答をすることにします。

自分から話しかけることができないなら、他人から話しかけられてください。

世の中の学生の多くには友達がいます（刺してしまった人がいたらすみません）。そしてそれは同じ数だけ最初の話しかけがあったことを示しています。そう、友達がいる人間の半数は話しかけられた側の人間なんです。なので質問者さんはそちら側になる努力を全力でしてください。

まず席が近い人たちから、どういう人間なのかよく観察をしてください。ちなみに自分から話しかけることができない分際で選り好みするのだけは絶対にやめてください。話しかけにくい雰囲気は出さないように、脈アリの対象がいたら、絶妙に声をかけたくなる状態になってください。周りにいるのがオタクだったら同族を感じさせる要素を持ったり、スポーツ好きなら関係するグッズを持ったり、好奇心が強そうな人なら一か八か奇行を目立たせてみたり。

絶対にやめるべきなのはプライドを守ろうとすることでしょう。自分から話しかけることができない分際で、一人でいると思われたくないなんて考えて、休み時間突っ伏したりご飯を食べる時に教室を出たりしたら機会が無駄に消滅します。他にもめっちゃクオリティの高いキャラ弁を毎日食べてみたり、休み時間に凄まじく上手い絵を描いてみたり、体育で鬼ほど活躍してみたり、いろいろと足掻いてください。目を引いた先の対象が一定の水準を超えていたら流石に話しかけられる確率は上がります。

それでも話しかけられないという場合、裏ワザとして、あらかじめ仲良くなっておくというのがあります。親友にでもなっておけば話しかけられる確率はグッと上がるはずです。

どんな手を使ってでもあなたが話しかけられる側になれることを祈っています。

お便り

vol.
3

一人反省会がやめられません

私は人と会うたびに一人反省会を開くことがやめられません。

過去を振り返ってもどうしようもないことは理解していても、家に帰ってきてから、あそこはああ言ったほうが良かったのではないか、もっとこうすれば楽しく会話できたのではと反芻思考をしてしまいます。

もしよろしければ、コミュニケーションを引き摺っていつまでも反省してしまう私を斬ってください！

反省が足りません

一人反省会、めちゃくちゃ分かりますし、その経験が有るか無いかで〝陰キャのライセンス〟が発行されるかどうか決まるくらい、心当たりがある人は多いと思います。

はっきり言って無駄であることが多く、時間を無意味に浪費することからどちらかといえば良くない行為であるという認識がされがちです。しかし、僕は一人反省会自体は悪いと思っていません。悪いとすれば、それは中途半端な反省です。

どうせ反省をしてしまうのなら、ガチで反省会をしてみるのはどうでしょうか。悪かった点を全て書き出し、それの何がいけなかったのか、何故そうなったのか、次また同じようなケースが発生した際、自分が無理なくできることは何なのか、などをひたすら考える。人間の日常におけるコミュニケーションのパターンなど実はそんなに豊富ではありません。何回もこなしていれば、ここ一人反省会でやったところだ！みたいなシーンが増えていくでしょう。そして、そこで最低限の回答さえできれば、一つ、また一つとこの世から反省会が減っていくのです。

今までの先に活きない反省に意味を持たせられるとしたら、それはあなただけができることです。

過去ではなく未来のために使う反省時間は、きっと今までよりずっと有意義なものになるはずですよ。

お便り

vol.

4

人にうまく気持ちを伝えられません

私の悩みは人に自分の気持ちを伝えるのが苦手なことです。

すぐに「嫌われるかも」「空気が悪くなるかも」などといろいろ考えてしまい、自分の意見や気持ちを相手に上手に伝えることができません。

言葉を選んでいるうちに伝えそびれたり、嫌な気持ちにさせる可能性があるなら言わないほうが良いかもと口を噤(つぐ)んでしまいます。

もしよろしければ、こんな私をズバッと斬ってください!

〝嫌われない行動〟を嫌う人もいます

まず大前提ですが、人間は複雑な生き物です。

敵じゃないことを示すだけで愛されるなんて、そう簡単にはいきません。正直者が好きな人からしたら、媚が嫌いな人からしたら、自分を持っている人が好きな人からしたら、無難な同調などあまり欲するところじゃないかもしれません。自分の意見を押し殺して周りを立てていた結果、別に大して好かれていない可能性があるとしたら、その行動はあまりにコスパが悪くありませんか？

そして人生の長さを考えると、どれだけ取り繕おうと、ある程度しっかり付き合っていく相手にはどうしたって自分の本質が伝わります。そして人間にはどうしたって合う合わないがあるので、あなたの本質に合わない人も当然います。

長いこと自分の意見を抑え込んで周りを立てていても、本質が漏れ出たその瞬間に「この人は合わないいな……」と離れられることもあるのです。

それならば、最初からなるべく素の状態の自分をジャッジしてもらって、大丈夫ならその先ずっと大丈夫、合わないならその場で適切な距離、のほうがずっと生きやすいのではないでしょうか。

あなたは周りが見えて、人を立てることができる人格者です。周りが見えずに自分を立てている人とは大きく違います。あなたはもっと自惚れるべきかもしれませんね。周りを選べる人が自分を選ぶ場合、それは我が儘(わがまま)ではなく気高さです。

まぁどれだけ言おうとこのタイプの人間は性質上、全部を曝け出す(さらけだす)ことはできないので、心の自動ブレーキがかかること込みで、まずはいつもより少し強めにアクセルを踏んでみることをお勧めします。きっと世界は何も変わらないはずです。

お便り

vol.

5

自分らしさって何なんでしょうか

自分にない魅力を持つ人に対して、この人になってみたいと思った経験はありますか？

僕はその気持ちが強く、思考や語彙が次第にその人に似通ったものに変化していき、今は特に剣持さんの影響を強く受けています。剣持さんならこうするだろうと自分を鼓舞できるという利点がある一方、こんな僕は本当にアイデンティティがないゴミみたいな人間だなと思うばかりです。

自分らしさって何なんでしょうか。こんな僕を斬ってもらえたら幸いです。

あなたは僕にはなれません。なので大丈夫です。

なってみたい、つまりは自分の理想の参考モデルがそこにいたということでしょうか。安心してください。あなたはあなたが思っているより、世界に自分を放っています。何故なら人間は簡単に模倣できるほど観測できる描写数が多くも無ければ、絶対的なものでも無いからです。考え方一つにしろ、その日の気分、最近のマイブームなんかで簡単に変わりますし、自分でもいざその時になったらどうするか分からないなんてことは無限にあるのに、他人にそれが分かるはずがないのです。そう考えると、影響を受けているなんていう言葉は実は割とガバガバで、模倣者がいたとして、やっているのは結局自分の理想の追従であり、その行動のオリジナルはどこかと問われたら、最終的には模倣者のものに他なりません。

加えて「今は特に剣持さんの影響を強く受けています」と書いていることから、僕の前は別の誰か、そして僕の後もきっと違う誰かがいる訳です。あなたはきっと今後もどんどん影響元を増やし、よりカスタマイズされた自分を作り上げていくはずです。

指針を持っている人間は強いです。
人から学び、糧にできる。それが一つのあなたらしさではないでしょうか。

お便り

vol.

6

性格の良い友達にイライラしてしまう自分が嫌になります

私にはとんでもなく良い子の友達がいます。人のためによく気を配り、誰かが挫けた時には親身になって相談に乗り、時には本人以上に涙を流す。

そんな素敵な友達が好きであると同時に、たまにとても冷めてしまう瞬間があります。

大騒ぎしすぎだよとか、そんなに過保護じゃなくたって生きていけるでしょとか。善意でやっているのを分かっていても、どうしてもイライラしてしまう自分が嫌になります。どうかこんな性格の悪い私を斬ってください。

実際過剰な優しさは少し危険です。あなたでバランスをとってみてはいかがでしょうか。

その友達はきっと善人なのでしょう。大切にするべきだと思います。しかしその上で、あなたの思う通り優しさと甘さが紙一重なのも事実です。

他人のピンチを見過ごせない優しさは、ピンチの度合いによっては見過ごせない弱さです。優しさと甘さに違いがあるとすれば、その対象が自分にも向いているかどうかということでしょう。

そして大概のピンチというのはなんとかなります。たとえ、もしそれ自体がなんとかならなくても、もっと引いた位置でなんとかなります。すぐに手を差し伸べてしまう甘さはハッピーエンドのルート以外を駄目だと思っているコメント欄の指示厨と同じで、その人が本来得ていたかもしれない失敗から復帰する技能を奪います。

ただ同時に、弱い人間の社会において、どうしても慰め役のような存在は必要とされるものです。そしてそれは、時として望まなくても誰かが担う必要があったりするのですが、その役割を適任者が担っているというのは健全で素晴らしいと思います。なのであなたは、その役割を十全に尽くしてくれている友達に感謝をしつつ、あなたはあなたのやり方で人と向き合うと良いと思います。

世の中には、等身大の大事件に付き合ってあげる役割も、その傷は致命傷なんかではないから大丈夫だよと笑い飛ばしてあげる役割も必要なのです。

一人で立ち上がるのを待っていられるあなたなりの優しさも、世界はきっと欲しています。手を差し伸べるばかりが救いではありません。

第三章
対話篇Ⅱ
「虚空集会」
四天王対談
koku
kyoten

「虚空集会」四天王対談

vol. 1

ピーナッツくん

Peanuts kun

第一印象から変わったこと

ピーナッツくん（以下「ピ」） 刀也くん、あんまり変わんないんだよね。

剣持刀也（以下「刀」） 僕変わらないで有名ですね。

ピ 本当に変わらない。初めて会った時からずっと同じ印象だわ。

刀 おーすごい、ある種大事にしてる部分なんでそれは普通に嬉しいですね、初志貫徹ということで。ピーナッツくんは丸くなったのかな、流石に。

ピ いや、それ言われるわ～。

刀 ぽんぽこさんのおかげかなって感じですけど。

ピ いやいやいやいやいや。

刀 やっぱり周りと絡むことが必然的に増えるんで、それで迎合していったって感じですかね。

ピ うお、言い方わるっ！！

刀 尖ってたのがそぎ落とされて丸くなりましたね。

ピ 嫌な気持ちなる～（笑）。お互い様だって。

刀 そうかなぁ。

ピ お互い様！ 刀也くんもちゃんと、大人になってる。

刀 変わった部分って言えば、バーチャルYouTuberに携わって、ある種一番夢を叶えているのはピーナッツくんだと思ってますよ。

ピ　ええ!?

刀　どっかのインタビューで読みましたけど「夢は何ですか?」っていうのに対して「着ぐるみみたいなことをやりたい」って割と初期、２０１８年か19年に言ってて。そこからゆるキャラのグランプリで1位取ったり、あとかねてからされていた音楽活動が実を結んで「POP YOURS」、すごい大きな舞台に立ったりとか。

ピ　ありがとね～。

刀　そういう意味ではちゃんと変わってますよね。ほんとにアングラ、サブカルって感じの存在だったのが、今やどんどんっていう。

まだ一度も打ち明けてないこと

ピ　打ち明けていないこととか、ある?

刀　これは本邦初公開な情報なんですけど、ピーナッツくんの２０１９年くらいのオフイベント。

ピ　ありましたね。

刀　当時、着ぐるみを作って初めての握手会みたいな。それでぽこピー二人が着ぐるみで出られてたんですけど、ずっと出ずっぱりだと着ぐるみって大変なんで。

ピ　まあ体力使うからね。

刀　二人とも入りっぱなしってのは無理な話なので、交代でぽこピーのどっちか一人が着ぐるみに入ってファンと話して、もう片方は偽物の魂に入ってもらって、その間休憩するっていう。

ピ　めちゃくちゃシフト制みたいになってましたね。

刀　そのピーナッツくんのほうに偽物の魂として入ってましたね（笑）。

ピ　おい！　それ言っていいの?（笑）。衝撃の事実だ。

刀　ピーナッツくんがちょっと前くらいに「バイトしない?」って僕に言ってきて。それでピーナッツくんの休憩時間に代わりに中入って手を振ったりして（笑）。握手会やってたっていう。

ピ　いやー、お世話になりました。

刀　それが僕の16歳の人生の最初で今んとこ最後のバイトなんですよ。

ピ　あーそうなんだ!

刀　人生初バイト、アレなんです。

ピ　そっか、じゃあぽんぽこさんが喋ってる隣にいたあいつは剣持刀也だったってこと？

刀　そう。でも悲しかったよ。中身が本人じゃないってことはファンには声出せないから伝わるんですよ。なので、わーって来てくれるけど「あ、ピーナッツくんは違うのね」みたいな感じでスッって離れられると、いや違うけどさ！って。

ピ　それが剣持刀也だったって今知った人、えー！！ってなってるよ。

刀　それであれでしょ、その人は配信で言ってたけどぽんぽこさんのほうにはもちひよさんが入ってたりとか。

ピ　そうそうそう、もちひよさんと僕が一緒になるときと、ぽんぽこさんと剣持さんが一緒になるときがね。VTuberで回すっていう（笑）。

刀　なんていうんですかね、あんまりコネクションが強くなかった（笑）。

ピ　そうなんです。

刀　まああんま話しやすい題材じゃないからね、ずっと身内で回してた。

ピ　うわ～打ち明けちゃったね。爆弾じゃん。

刀　あれが初バイトです。

お互いのこれから、将来について

ピ　これからどうすんの？

刀　うーん……僕はまあ多分最後まで観測者ではあるかなってくらいですね。

ピ　すごい！

刀　ピーナッツくんはあれですね、さっきも言ってた話ですけど落としどころとしてすごくキャッチーじゃないですか。

ピ　はいはいはい。

刀　ピーナッツくんを好きって言って誰も嫌な気分にならない、これはメディア向きなんですよ。

ピ　あー。

刀　だからもうちょっとどんどん大衆に見られる場に出ていってほしい面もありますね。

ピ　えー……。

刀　HIPHOPをやってる、けど見た目はこんな感じでYouTube活動もしてる、めちゃめちゃキャッチーじゃないですか？　ただその中でもたまにでいいからアニメーションの意欲は持っててほしい、マインドとしてね。

ピ　わー。

刀　難しいね、ここはね。
ピ　ありがとう。でもねー、僕はこんな場でめっちゃあれだけど、漫画家になろうと思ってるんだ。
刀　そうなの!?（笑）　漫画家。
ピ　そうそうそう、着ぐるみ着てライブとか何十年も続けてられないから。
刀　そういえば元々漫画家になりたかったみたいな。
ピ　そうそうそう、だからね、もうそろそろ頑張るわ。
刀　おー、ちょっと色眼鏡はついちゃうけど、いいフィールドは整えられたし。
ピ　いや、まあ全然やんない可能性もあるけど。
刀　適当にしゃべんな（笑）。いや、読みたいですけどねどういう漫画か。
ピ　だから教えてくれ、いろいろと。お勧めの漫画とか。
刀　そういう意味じゃバーチャルであったりを題材にするのはいいんじゃないですかね。他の人は結構バーチャルYouTuber好きで始めてる人が多いんで、まっすぐ描いちゃうと思うんですけど、ピーナッツくんは曲の中でシニカルなこと言ったりするし。
ピ　言ってません！
刀　言ってるので、視覚的にバーチャルYouTuberの良い面も悪い面も描けるんじゃないかなっていう部分でそういう作品見てみたくはありますけどね。
ピ　……バーチャルYouTuberに悪い面なんてあるんですか？
刀　どうした（笑）。そういう楽曲も出してるだろ！　気付いてるぞ。
ピ　でもさ刀也くんはあんまりそういうの表に出さないよね。
刀　エンターテイナーだからね。
ピ　すごい！　これですよ、皆さん。
刀　バーチャルの良い面は、良い部分だけを演出できるじゃないですけど、まあそういう部分ですからね。ネガティブなところを発したところで。てか無いしね、特にネガティブなところ。あなたはもう気付いているかもしれないけれど。
ピ　あらー！
刀　ちょっと抽象的か、話が。
ピ　いやいやいやいや、でもだから続けてられるというか、将来も明るいね～。
刀　まあまだ16なんでね。

「虚空集会」
四天王対談
vol.
2

伏見ガク

Fushimi Gaku

第一印象から変わったこと

伏見ガク（以下「ガ」）　一番最初から、面白いっていうのはマジで変わらない。
剣持刀也（以下「刀」）（手を叩く）
ガ　剣持刀也の面白さに一番最初に気付いたのは俺なんですよ！
刀　配信業ってやっぱり長い時間になるし、ずっと積み重ねると良くも悪くも気が抜けていくものじゃないですか。最初はよろしくお願いします！って結構きれいにやってた人も今じゃタメロで何とかでさぁ～みたいな地声、まあ地声っていうのも変だけど、まあ作ってた人がいたとしたら地声に近づいていくような。
ガ　あー、うんうん。
刀　最初と違うって言われるVTuberいっぱいいると思うんですけど、そういう意味ではガクくんは全く変わってないね。
ガ　いや～刀也さん！
刀　うん。
ガ　いや、でも俺も返すわけじゃないけど、マジで刀也さんはTwitterのIDの礼に始まり礼に終わるってわけじゃないけど、それこそもう「皆さんおはようございます」とか「こんばんは」で始まって、それで「皆さん良い夜を」で終わるきれいな美しい感じずっと保ってるじゃないですか。

刀　なるほど。

ガ　っていうところも変わってないのはめっちゃ嬉しいところ！

刀　……あのね～僕は、あなたは作ってない良さだから変わらないってことを言ったのに、あなたは挨拶をして始まって挨拶をして終わるっていう難易度のすごい簡単なところが変わってないって、似てるようでだいぶ違う……僕のほうしょぼくね（笑）。

ガ　やっぱり礼に始まって礼に終わって。

刀　挨拶をして始まって挨拶して終わるだけだろ！

ガ　いや、だけじゃないよ！　それこそ活動してて変わっていく人もいる中で。

刀　いや、みんな挨拶して始まって挨拶して終わってるだろ（笑）。

ガ　（笑）。

刀　「あ、そういえばさー」で配信始める奴いねぇだろ（笑）。

ガ　騙されんか（笑）。

刀　こんなことで褒めて、適当に生きてるな。

ガ　そんなことない（笑）。

刀　あなたは人を褒めるけどよくよく聞いてたら意外とたいしたことないことで褒めてる……。

ガ　おい、やめろ、語弊あるだろ！　俺がなんか言う時も本心でそう思ってないだろうなって思われちゃうだろ！

刀　いや、実際そうだよ。なんかおはガクでこれうまい！って言ってて後々にいやそんなにうまくなかったって自白してたことあったじゃん。そういうもんだよ。あなたはその場を成立させるためだったら思ってもないこともぺらぺらと話す奴だ！　まあ僕もだいぶそっち側ですけど！

ガ　なんだ、今のそのフォローみたいなやつは！

刀　いや、だいぶ自分もだなと思った。

ガ　（笑）。

刀　僕全然こういうインタビューとかで思ってもないこと言いますからね。

ガ　大丈夫ですかそれ（笑）、ＫＡＤＯＫＡＷＡさん。

刀　大丈夫です。それも僕の本質なんで。

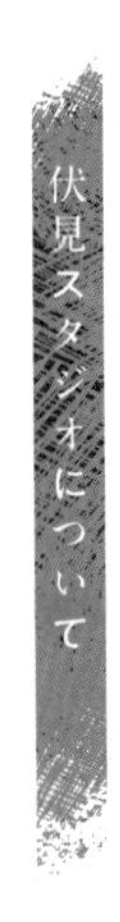

伏見スタジオについて

刀　伏見スタジオか～お世話になってます。

ガ　なんかいつからか咎人やるときにはうちでみたいな感じになったよね。

刀　そうそう、でもなんかどんどん進化してますね、伏見スタジオは。必要なものも不必要なものも増えて。

ガ　不必要なものってなんすか？（笑）

刀　ガクくんは欲しがるものをちゃんと買う人なんで、行くたびにおもちゃであったりが増えてるじゃないですか。

ガ　いや～刀也さんに見せびらかしたくてみたいなところはあるのかもしれないね。

刀　なんか完全に僕に反応されるためのものもたまにありますよね。

ガ　それこそ、最近模造刀買ったんですよって刀也さんが言ってて。

刀　うん。

ガ　模造刀なんて子どもが買うもんだから無駄になるよ！って言いつつ倉庫の中から自分の模造刀出すっていうことをしましたね。

刀　なんなんだよ、二人とも模造刀持ってるコンビ。なんであなた持ってるんですか。僕は剣道の練習に使おうと思えば使えるし、剣持だからまだいいとして。

ガ　実は高校時代に買ってあったんですよね。やっぱかっこいいなって思って。自分のなけなしのお小遣い使って。そしたらまぁ親に指さされて馬鹿にされて。

刀　（笑）。

ガ　意味なくない？（笑）って。なので馬鹿にされながら一人で振り回してました。

刀　最高だ（笑）。あとやっぱり僕に見られる用に買ってあるのがたまにある中で、ちょっと小賢しかったのが、伏見スタジオを借りるにあたって、Wi-FiのSSIDを入力しないといけないっていうので、訊いたら、SSIDが遊戯王のカード名で、いやなんでこんなのにしてんの？って訊いたら、懐から遊戯王のデッキ取り出して「買ったんすよ～」って（笑）。

ガ　（笑）。

刀　うざすぎる！　うざすぎるその誘い方！　まぁやるけどさ遊戯王。

ガ　嬉しかった、気付いてくれて。

刀　SSIDに仕込むなよ。

ガ　気持ちよかったです。

お互いのこれから、将来について

ガ　将来っていうと刀也さんはね、やっぱまあ普通にずっとやっていくんじゃないですかね。

刀　そうですね、お互い結構不死身なとこがあるので、いつまでもじゃないかな。そうだな、咎人のイベントがあってもいい。

ガ　あ、マジで？

刀　咎人イベントとか、それこそ剣持刀也ソロイベントがあったように。先にガクくんのソロイベントがあってもいいと思うけど、まあいつかあってもいいよね。

ガ　いや～何する？

刀　そうだな、基本はやっぱりバラエティがしたいかな僕は。トークもそうだけど、ラジオじゃないけど公録みたいな感じかな、咎人コラボの。

ガ　あー、確かにね。

刀　みたいなノリでやるくらいの温度感がいいのかもしれないね。

ガ　でもちょっとレア感あるかもしれないですね。お互いに雑談したの多分結構前だった気がしないでもない。

刀　まあ確かに、ていうか３Dでこんなに話をするの自体初めてだからね。

ガ　確かにね。

刀　いい機会。

ガ　じゃあこの感じでやっていきたいですね。咎人イベントお待ちしてます。いややりましょう。

刀　やりましょう、いつか。

「虚空集会」
四天王対談
vol.
3

月ノ美兎

Tsukino Mito

「虚空集会」の思い出

剣持刀也（以下「刀」）　リハの後みんなでファミレスに行って、普通にいろんな話しながらご飯食べて、みんなデザート食べる流れになってデザート頼んだんですよ。

月ノ美兎（以下「美」）　うん。

刀　僕は４つ入りのシューアイスで、おお、ボリューミーでいいなと思って。で、食べ終わって、お手洗いに立ったんですよ。

美　うんうん。

刀　戻ってきたら、みんなさっきデザート食べ終わってたはずなのに、テーブルに全員分のデザートがあって、僕のシューアイスも４つあって（笑）。

美　（笑）。

刀　あれ、って思ったら、みんなさっきしてた会話をまたしてるんですよ。

美　そう、あのね、確かあの時してた会話が、どういう話の流れか忘れたけど、わたくしが「みんなの人生を変えた漫画って何？」って言ってて。

刀　そうそう。

美　で、葛葉さんが「俺はなんやかんや銀魂すかね」って言ってたんですよ。

刀　笑いのルーツみたいなね。ユーモアのルーツの漫画何みたいな。

美　そうそう、笑いのルーツみたいな。「なんやかんや銀魂すかね」って言って、デザートが来たんですよ。

刀　そう、で、デザート食べて、戻ってきたらまたデザート、シューアイス4つあるし、「俺はなんやかんや銀魂すかね」って言ってて「んんん？」っと思いながらそれも普通に食べてしばらくして、またお手洗い行って戻ったらまたシューアイス4つあって（笑）。

美　わたくしがまたみんなに「みんなのルーツの漫画って何？」って聞いてね（笑）。

刀　また「なんやかんや銀魂すかね」っていうやり取りを繰り返されたというのがあったなあ。僕結局シューアイス16個食べてますからね（笑）。

美　剣持さんループドッキリでしたね、あれは（笑）。

刀　裏でもそういうことするんだって思いましたね。

美　デザートも剣持さんだけじゃなくて全員分頼んでたから（笑）。

刀　全員途中からちょっと無理し始めて（笑）、みんな苦しむドッキリ。

美　みんな何回もアイスとか食べてましたからね。あれはちょっと面白かったなぁ。

刀　いいドッキリだった（笑）。

まだ一度も打ち明けていないこと

美　やっぱ年収ですよね。

刀　（笑）。打ち明けていないな確かに（笑）。

美　誰にも打ち明けていないですからね、年収ね。

刀　これは、打ち明けていないというか、ほんとに後付けで後から思いついただけなんですけど……。

美　はいはい。

刀　委員長、「起立、気を付け！　こんばんは月ノ美兎です。」から始まって、「着席！　以上、月ノ美兎がお送りしました。」で終わるじゃないですか。

美　なんか文句あります？（笑）

刀　「礼」が無いじゃないですか。

美　あー、はいはいはい。

刀　僕のTwitter IDって「礼」に始まり「礼」に終わるんだなって後から気づいて（@rei_toya_rei）。

美　なるほど！

刀　エモいしちょっとキモいなって（笑）。

美　（笑）。やだなあ。ちょっと意識しちゃったのかなあ。決めるときに。

刀　完全に偶然なんですこれは！　武道の心得なんです。

美　でも本当はわたくし「礼」が無いのは理由があって、お辞儀ってできなくないですか？

刀　あ、Live2Dでね。

美　そうそうそうそう。自分ができないから言ってないっていうやつで、だから、一番最初の３Ｄ配信は「礼！」ってありでやったんですよ。

刀　おお、なるほど。

美　それ以降忘れちゃって。

刀　ただ礼しないやつっていう（笑）。

美　そうそう。

刀　しかもあれですからね。「零に始まり零に終わる」、「ゼロに始まりゼロに終わる」は虚空教にも通ずるから。

美　なんか上手いこと言った風なこと言ってますけど（笑）。それくらいですかね、打ち明けていないことは。

刀　この程度しかない（笑）。まああんまり隠すような人間性でもないですしね。

美　５年もやっぱ一緒にやってるんで、あんまり言ってないことは無いかもしれないですね。

刀　全てを知っています。

美　それもちょっとキモいですけど（笑）。

刀　間違えたかもしれない（笑）。

VTuberについて

美　マジで当事者じゃないと味わえない、凄いことってたくさんあると思うVTuberって。

刀　ほう。

美　「事実は小説より奇なり」ということがいっぱいある。マジで混沌としてる時期を経験できたのは先駆者特権かもしれない。

刀　あーいい。確かに。

美　こんなことで回ってるんだみたいな（笑）。

刀　成り立ってるんだっていう（笑）。たまに成り立ってないんじゃないかというギリギリの屋台骨を見れたりね……。

美　あとなんかやっぱ、なんだろう、結構「捨てたもんじゃないな」って思いましたね。

刀　お、素晴らしい。

美　みんなお金や承認欲求のためだけに動いてるわけじゃないんだって思った。
刀　おお、自分はそうなんですか？
美　自分はもっと承認欲求が勝ると思ってて、けど、思ったよりもみんな自分の中のプライドを優先させるみたいな。
刀　VTuber自体、美学ありきの、みたいなところあるじゃないですか。だからそこに対して何か持ってる人は他のところよりも多いかもしれませんね、表現者として。

お互いのこれから、将来について

刀　僕は割と最後の最後まで観測者でありたいなって思ってますけどね。
美　なるほどね。
刀　我々いつまでも16歳じゃないですか。そうじゃない人もいる中で。という意味では不死身なので、ある種。
美　なるほど。そこはやっぱ考え方分かれるなって思ってて、やっぱ「朽ちの美学」を持つ人がいるんじゃないかなって。
刀　朽ちの美学。確かにね。
美　結構、「KANA-DERO」とかそういうイベントの気がしてて。
刀　おお、言われてみれば。
美　楓ちゃんなんか「朽ちの美学」の具現化みたいな人間じゃないですか。
刀　確かに確かに。
美　将来ねえ……。
刀　え、何辞めんの？（笑）。
美　いやいやいやいや、別にそんな（笑）。面談みたいな感じになっちゃいましたけど（笑）。
刀　（笑）。楽しいよな？　部活（笑）。
美　楽しいです（笑）。辞めません（笑）。
刀　まあね、VTuberだって既に形変わってますからね。
美　確かに、実況者に近づいてきた感じはあるかもね。
刀　そう、実況者ですねある意味。
美　いやでも、そうだよね、って感じ。
刀　でもだからこそ、そうじゃなくやってる人に本当にリスペクト。本物のバーチャルYouTuberだと。
美　あ、思想つよ（笑）。
刀　本物のバーチャルYouTuberじゃない人が、今はたくさん居るんじゃない……!?　……いや！　思ってない

思ってない！（笑）。

美　止まらないと思わなかった（笑）。

刀　ノせてくるのやめて（笑）。

美　進んじゃった（笑）。

刀　今回怖いな（笑）。

美　将来の話かあ。でも逆にやっぱ我々こうやって今動いているわけで、で、「にじさんじ」内の設備というか美術とかもめっちゃ揃ってきてるじゃないですか。最初よりもできることめっちゃ増えてるはずですよね。

刀　間違いないです。

美　なので多分提案次第なんじゃないかなって感じはしますね。ライバーの。「これもできるんじゃないか」「あれもできるんじゃないか」っていう。

刀　ああ確かに。最初ってVで何ができるのかっていう、Vであることが制約というのがものすごく多かった。

美　うんうん。

刀　けど今となっては「だからできないこと」はあんまり無いかもしれない本当はってことですよね。

美　そうそうそう。みんな結構歌とか踊りにやっぱ最終的に着地しちゃうから、それ以外のことがもっとあっていいかなって思いますね。

刀　確かに。実際なんだろう、例えば「メタバース」みたいな、ああいうのが発展していけば、それはもう世界ですからね。

美　確かに。

刀　まだまだ朽ちるには早いぞ。

美　スタジオがあと5個増えたらな（笑）。

刀　家がスタジオになって全世界になる日も近いんじゃないですか？　そういう意味では。

美　確かに。

刀　そう！　そういうのがもっと普遍的にある時代が来る、視聴者もVである時代が来る！

美　そう！

刀　その中であなたは本当のバーチャルYouTuberで居られますか？

美　（笑）。

刀　やめよう（笑）。思ってねえ！　そんなこと（笑）。

美　自分で言いだして（笑）。聞きましたか、みなさん？本当のバーチャルYouTuberになりましょうね。

「虚空集会」
四天王対談
vol.
4

葛葉

Kuzuha

まだ一度も打ち明けていないこと

剣持刀也（以下「刀」） 打ち明けてないというか世に出てないものだったら、葛葉君と何かしようとして形になってないものってめちゃめちゃあるよね。

葛葉（以下「葛」） あー！ あるっす！ 動画撮りましたよね。

刀 動画、しかも7時間くらいさ、ゲームやって。

葛 あの、俺キヨになりたくて、キヨになりたいってサーバーを作ってモチさん誘って（笑）。

刀 そう、僕だけ入れて（笑）。とりあえずゲームしようって大航海したり宇宙行ったり、あとTRPGやったり。

葛 やりましたやりました。

刀 したんだけど一個も動画になってない！

葛 一度Twitterで出したことありませんでしたっけ？

刀 ああ、あった。

葛 一応、あれの本編動画が出る予定だった（笑）。

刀 2回とも葛葉君が収録ミスったんだっけ？

葛 うるせえ（笑）。おい（笑）。

刀 収録ミスったんだよな。

葛　いや、あれはおかしかった。あれは。
刀　「打ち明けてないこと」、あれまだ許してねえから（笑）。
葛　（笑）。分かったよ。じゃあやりましょうよ。
刀　やるかあ。
葛　今の俺なら、できるはず。
刀　収録を？　収録はできんだよ（笑）。そのレベルには達してるんだよ。
葛　（笑）。最後までいける。
刀　そうだ、なんかやろうとしてたことあったじゃん。叶君にドッキリしようとしてたことあったじゃん。
葛　ああ！　俺、そうだ。買ったじゃないですか。偽のスマホ買いましたよ。残ってるまだ。
刀　そうだ。スマホ壊れちゃったドッキリをするためになんか用意したんだよね。悪巧みだけして実行しねえんだよな（笑）。
葛　（笑）。俺主導するタイプじゃないんですもん、モチさんが引っ張ってくれたら。
刀　この2人だとそうなるか。
葛　そうですよ。後輩いっぱい入ってきたし引っ張りのステータス上げないとなあ。

お互いの「これやってほしい」こと

刀　やってほしいこと。ゲーム実況以外の全て。これは普通に見てみたいという話だな。
葛　ああ、何が起きるかみたいな。
刀　そうそうそうそう。それこそ雑談もあるし、企画であったりとか。今、君はゲームをきっかけに人とコラボしてる訳だけど、そのきっかけを企画であったりとかで、っていう話。
葛　うーん、人のところではやるけど、自分のところで何かっていうのはないっすね。
刀　見たいけどな。
葛　いやムズそう。あんま俺ね、しゃべり自信ないんすよ。
刀　いや何言ってんの。
葛　いやいやいやいや。
刀　いや、だって……。語弊があるからやめよ。「僕が仲良い人みんな面白いよ」って言おうとしたけどそれはつまんねえやつの存在を……（笑）。
葛　（笑）。うわあ、「こいつはつまんねえやつ」って思ってるやつ！（笑）。いるんだ。

刀　違う（笑）。でもゲーム実況が面白いというのはまず大前提、反射が面白い人だからっていうこと。
葛　リアクションとトークは別です。
刀　でも、トークも面白いでしょ？
葛　えー!?
刀　僕はそれ買っているよ。２０１９年かなんかに10万人記念配信の凸待ちみたいなことで葛葉君が来てくれたときに言った「男性VTuberでポテンシャル一番あると思ってるのは葛葉君だよ」って言ったのはいまだに変わらないし、ちゃんと当たってただろって思いますよ。結果を出しているところを見て。
葛　うおおおい！　出したらもう「ワシが育てた」みたいな感じするんですね。
刀　もう完全にそう（笑）。まだ見つかってなかったからあの時（笑）。そんなことないけど。
葛　てか、俺はモチさんに同じこと思ってた。
刀　おお？
葛　モチさんはそのゲームっていうフックがないだけで、人が見たら面白いと思う男なんですよ。マジで。てか、もうみんな知ってるか。
刀　（笑）。
葛　もっともっと、てか、見た人もう全員思う。なんなんだろうね、モチさんの面白さって。なんなんだろう。マジで、ほんとにいないんすよ、モチさん。
刀　なんか、褒めてくれてることは分かったわ。
葛　ほらやっぱトーク下手だった（笑）。
刀　いやいや（笑）。でもさっき言ってた、恐らくこの場の適当な言葉だけで終わらせようとしてた展望みたいなのいっぱいあったじゃん。
葛　はいはいはい。
刀　あれをちょっとはやっていこうよ。
葛　なるほど。
刀　動画を出そう。
葛　やりましょう！　確定事項。
刀　おっけー。ゲームじゃなくてもいいわ。もう何にも無かったらなんか僕がさっき言ったようなコラボに誘うわ。
葛　ああ、「歌ってみた」でもいいですよ。最近出してないから。俺の供給を満たしつつ、あの、コラボたぶん意外性あるから。
刀　確かに。
葛　たぶん出ないんだろうな。

お互いのこれから、将来について

刀　葛葉君はどこまで行くんだろう。
葛　俺はゴールはしてて、自分の中では。
刀　ほう。
葛　チャンネル登録10万人の時点でゴールしたって言ってて。
刀　はえーな（笑）。
葛　いやいやいや、活動初期からすると、10万人って凄い目標高い。
刀　間違いない。個人だしね最初は。
葛　だからゴールかと思ったら、100万人いったから、どこを目指せばいいんだろうみたいな。
刀　今迷子？
葛　てかあります？　モチさんって、100万目指すかみたいな。漠然とでも。
刀　無いね。僕は何か目的が、目標みたいなのはVであったことはないかも。
葛　ああ。何かやりたい、があったらそれをYouTubeでやってて、別にYouTubeを通して何かを成し遂げたいみたいなのは無いんですね。
刀　そうだね。最初から言っている部分ではあるんだけど、道楽の域を越えないようにやろうとは思ってて。
葛　おお、仕事にしない。
刀　VTuber好きが高じて始めてるからね。そこの順序が逆転しちゃわないようにしたいなとは思っているかな。
葛　いいっすね。俺はでもゴールしたと思ってるから、逆に余裕が出て、何かしたいなというのは常々あったりします。
刀　へえ。いいじゃん。
葛　やらないけど。
刀　やれよ（笑）。
葛　面倒じゃないですか（笑）。でもね、今まで積み重ねてきた生き様というのが何かをやろうとしたときにのしかかって折れちゃうんですよねえ。
刀　ああなるほどね。やりたさはあるしやりたいって言ってるよな普段。
葛　言ってる。
刀　そう。いるんだよ、「キャンプ行きてー」って言って一生キャンプ道具買わねえやつ（笑）。レンタルでも良いから行けって。
葛　それなあ、それ俺だよ（笑）。釣り行きたいって2

年前から言ってる。

刀　分かった、釣りは僕が実現させてあげよう、それは。

葛　おお、ほんと？

刀　こういう甘やかす人間がいるからダメなんだろうけど、こういう人間がいないと2年放置されるんだからその釣り竿は（笑）。

葛　（笑）。

刀　こう考えてくると反省すべき点はいっぱいあって将来なんて言ってる場合じゃないな（笑）。

葛　（笑）。でも、より多く実行できるようになっていきたいですね、その夢を、やろうと思ったことをね。

刀　確かに。悪巧みをね。環境はどんどん整っていって、やりやすい環境にはなってるからね。

葛　そうそうそう。会社もね、いろいろできるようになってきたし。

刀　前進しよう。今だからやれて良かったと思えることがあるはずだ。全部やろう。

葛　うーん、じゃあそんなデカい夢は無いすかね？

刀　そうだね。まあまさに、割とお互いなんだろうけど、夢のような状況にいるって話。

葛　そうっすね。実際。夢の中。

刀　夢の中にいるので。

葛　俺アーティストになったのは、他の人が経験できないから、っていうのはあるから。

刀　すげえ。

葛　そう、せっかくなので経験してみたいってのはデカい。で、本当に経験してみた結果、本当につらい。

刀　（笑）。後悔することもあるけど。まあでも、プラスになるからね。間違いなく。

葛　後悔することもある。精神的にめんどくさい、「うーーん」ってだけで、経験としては宝になるから。

刀　「めんどくさい」って、「面白い」だから。最終的には。

葛　はい？

刀　「めんどくさい」っていうのは形を変えて「その人凄い」になるから。

葛　なるほどね。それを経てね。

刀　だからみんな頑張ったほうがいいぞ。

第四章
剣持父子対談
対話篇Ⅲ
koku
kyoten

▼剣持父子対談

虚空教は原点（虚空）に想いを馳せる宗教である。

その名を冠した本を作るにあたって、配信で絶対にやらないこと、かつそれになぞらえた何かができないかな~と考えた結果、父親と対談することになった（なんで?）。

僕のある意味の原点でありながら、僕の動向をチェックしまくっている最前線のファン、剣持父とその息子の対談をどうぞお楽しみください。

父のVとの出会い

刀　本日はよろしくお願いします。
父　よろしくお願いします。父です。
刀　じゃあ最初の質問。VTuberはどのタイミングで知りましたか？
父　うっすらとそういう存在があるというのはキズナアイさんとかで知っていたけれど全然詳しくはなくて、そこに息子がいきなりにじさんじに受かったって話をしてきたって感じかな。
刀　むしろ知ってはいたんだ！　ネット強いもんね、お父さん。VTuberを見てどう思った？
父　YouTuberは当時も伸びていたし、その存在の2次元版ならきっと伸びるだろうと最初話を聞いた時には思ったかな。ブルーオーシャンだし日本のサブカルチャーの流れを見ても絶対これは未来のあるジャンルだなってのは伝わった。
何より息子自身が急速にハマってオーディションに応募するくらいのパッションを持てる

ってことは、きっと魅力のあるものなのだろうと感じて、その可能性を見たいと思ったかな。

刀　じゃあVTuber活動みたいなものに、まぁビジネスじゃないけれどそこまで至る可能性を感じていたんだ？

父　感じてたね。

刀　先見性がある……。息子がやることについてはどう思った？

父　ある程度倍率があるオーディションに受かるというのは普通の就職レベルでも喜ばしいことだからね。しかも声優とか配信活動のキャリアが全くないど素人が受かったんだから嬉しかったよ。何より本人にやる気があったからね。

刀　最初から応援の意思100％でありがたかったよ。

父　で、実際息子がそこに入るってなってからその界隈をちゃんと見て、この界隈は盛り上がるだろうなというのを改めて感じたよ。

特に黎明期は一番面白い時期だしね。世の中の漫画だったり、映画だったりテレビ業界とかなんでも、創世記のコアなメンバーたちが創っていってその人たちがカリスマになっていく。その図式が今の時代に新たに生まれるんだっていうワクワクがあったよ。

それでいて本来なら本人は海外に行くことにハマりかけてて次はカナダに行こうとしていたし、その熱量も思いつきとかではないのをちゃんと知っていたから、それを凌駕する熱が生まれたのは少し意外だったけれど面白いと思ったし、この業界なら今までの経験が凄く活きるかなとも思った。

刀　確かに普通の16歳の比じゃない経験値を有してる自負はあったし、経験全部が活きる業界なんてそんなに多くないからね。

デビューから才能を感じていた

父　驚いたのはTwitterデビューした時に、刀也が俺の予想以上に面白かったっていうところ。父親の知らないというか、自分の息子ながら思ってる以上の才能を発揮していて楽しみが膨らんだよね。だからTwitterの時点ですでにファンとしても見てたかな。

刀　なんだか小っ恥ずかしいけどちゃんとチェックされてるから逃げ場がないな（笑）。
じゃあ次の質問、そこから配信を始めてVTuberとしていろんな活動をしていく訳だけど、その活動ぶりを見てどう思った？

父　まず俺自身が会社勤めを若い時に辞めて海外行ったりして、それ以来フリーランスでやってきた人間だから、人生の形はこうあるべきっていうのがないんだよね。だからこれがもし将来刀也の職業になったとしても何ら不安はないなと思ってたよ。

刀　こっちは趣味でやってただけなのにそんな人生の先のことまで考えてくれてたんだ。

父　ただ始めました！って感じでもなかったからね。倍率の高いオーディションに受かって始まってるし当時の勢いも見てて、親としてね。
何にせよ高校時代の良い青春になると思ったたし、その人らしさを活かして面白い方向にいくならそれに越したことはないよね。

刀　息子がラジオに出たりテレビに出たりすることに対する違和感みたいなのはあった？

父　知名度が上がったりは自然なことだと思ったけど、息子がステージで歌って踊るようになるというのは結構予想外だったかな。いやもしかしたらあるかなとは思ってたけど早かった。

刀　当時名の通った男性Vが少なかったっていうのも相まって早い段階からステージには立たせてもらってたよね。

父　人様の前で歌って踊るところまでそんなに早くいくとは想像してなかったけど、歌にしろステージングにしろ段々様になっていくのが面白かった。本当に親目線だけど成長したよね。ROF-MAOでバク転した日にはここまで来たかって。

刀　活動がなかったらバク転は元より歌って踊ることもなかっただろうからね。人生変わったなぁ。

父　ステージだけじゃなく、本人たちが思ってる成長曲線を現実が上回っていく面白さみたいなのは凄く感じた。

刀　取材でよく〝やりたいこと〟を聞かれて、とんでもない！　そんなことよりもっとすごいことやりまくってるでしょうが！みたいなおかしさが当時はよくあったね。いや今もか。

父　一方で、「剣持」でパブサをしまくってるから分かるけれど……。

刀　息子のパブサをしまくるな。

父　その存在によって救われたり元気を貰っている人たちが沢山いるっていうのが伝わってくるし、それは凄いことだなって。刀也は良い仕事をしているなと心から思うよ。

刀　そうだね。やりたいことをやってるだけで結果として喜んでくれてる人が生まれているのは本当に幸せ者としか言いようがないなぁ。

父　一方でどんどん見つかっていくと厄介なことも起きうるよね。例えば今だって色んな界隈で炎上騒ぎは起きているわけで。ボタンの掛け違いで炎上になったり表現者によってはそれで凄い病んだり追い込まれたりっていう荒々しさ。それがネットの魅力の一面ではあると思うけれど。

刀　ネットを昔からやっててその残酷さを知っているお父さんとしては息子がそっちの方向

に歩み出すのに不安とかはなかった?

父　まるでない。

刀　まるでなかった。

父　そこはまぁ、息子の人格をある程度分かっているから。リテラシーがちゃんとあるし、多少なんか痛い目を見るかもしれないけれど、まぁそこは元々何者でもなかったわけだから。

刀　虚空教の教えだ!　父親譲りだったかもしれない……!

父　なんか躓(つまず)いたら躓いたで、じゃあどうするっていうのはそれはそれで経験になるし、いいんじゃないの?っていう。それはネットじゃなくたってどこの世界でも同じだからね。

刀　放任主義というより、経験に対する信頼みたいなものがあるよね、お父さん。

父　昔から〝成功じゃなくて成長でしょ?〟っていう思想はなんか持ってる気がする。成功って客観的かつ刹那的な表現に過ぎなくて、その1年後どうなってるかは分からないし。なまじっか成功したこと自体がマイナス要因にもなりうる。金銭や数字で成功を定義づける方法はあるけれど、そこに本人の精神は介在してないかもしれないしな。

本題から逸れたか。息子の活躍にどう思ったか……。
これは、本当に面白いと思ってたからね。身内贔屓とか抜きにしてゲラゲラ声出して笑う配信は俺にはそんなにない。
刀　親バカではなく？
父　うん。剣持刀也の動画はおじさんの俺がゲラゲラ笑わされるっていう実体験があるから盛り上がってるのを見て違和感はなかったよ。
刀　嬉しいやら恥ずかしいやら（笑）。

息子の配信で好きなところ

刀　じゃあ次の質問。好きな配信などあれば教えてください。
父　刀也の中だと基本定食みたいな、リスナーがマシュマロとかクソを投げてきて捌くっていう……。

刀　父親が言うの面白いな。

父　そういうのは好きだよね。実家のような安心感というか。

刀　父親が息子に実家のような安心感っていうとモヤモヤするな。構図逆じゃない？

父　あとコラボはコラボで多種多様な関わりが見れて好きかな。それぞれの関係性が面白いというか好き。

刀　やっぱり僕と絡んだ人から知っていってるもんね。普通の配信者としての見方に少し息子の友人というか、息子と仲良くなってる人として見てる感があるので、ここはお父さん固有の楽しみ方かもしれないな。

　僕以外では誰の配信が好きとかある？

父　２期生はみんな好きだし、ガクくんとはもう何度も会ってるし……。最初の頃は刀也と関わる人っていう、幹から枝みたいな見方をしていたけど最近はにじさんじ全員分かってるから。

刀　いやすごいな！

父　まぁ最近の7人（Ｉｄｉｏｓ）は今分かり始めている段階だけど。

刀　それは僕も一緒だから！　出たの5日前だから！

なんかすごい感性が若いよね。VTuberもそうだしアニメコンテンツをお父さんに勧められて見始めるみたいなことがあって、逆！逆！みたいな。いや、逆でもないからね本来。お父さんに教えても「なんだそれ？」が普通だから。

父　２０２２年は『リコリス・リコイル』が評価高かった。

刀　若すぎるって。

父とアルス

刀　あれは？　ヤクルトとのコラボはどう思った？

父　そんなことある？とは思ったね。ヤクルトにいったのは素直に嬉しかった。というか他の球団だったら微妙な気持ちになってたかも（笑）。

刀　まぁお互いにヤクルト好きだしね（笑）。

父　アルスさん（アルス・アルマル）最近歌を出してたよ。凄く良かった。

刀　急に何!?　……あぁ、ヤクルトとコラボしたのが僕とアルスだったからか、びっくりした。

父　アルスさんは人柄が好き。

マリカ杯の「デカァーイ！」のリアクションから注目して「ぐし」で好きになって、最初歌を歌うことに凄く消極的だったんだけど、そんな中から出した「グレゴリオ」のひたむきな感じに心を打たれたみたいな。あと深夜とかに仕事しててふっと見るといつも居るから見やすい。

刀　自営業の生活リズムならではのね。

アルスも僕のお父さんに好かれているということを認知してるしね（笑）。

父　なんか番組で「剣持パパ見てる～？」みたいなの言ってくれてたね（笑）。

刀　あれはどういう気分になるの？

父　やめてくれっ！って思った（笑）。

刀　そうなんだ（笑）。冥利に尽きるとかでなく。

父　２つの意味でね。可哀想じゃんか。あの子も嫌とは言えないじゃん、そういう流れがあったら。

刀　ちゃんとファンの視点も持ちながら大人の視点で向き合ってる……。

息子の幼少期について

刀　じゃあ次。剣持刀也の幼少時代について教えてください。

父　パッと最初に思い浮かぶのは、初詣でお参りに行った時に「どんなことお願いした？」って聞いたら、お兄ちゃんとお姉ちゃんは「○○が欲しい！」とか「○○になりたい！」とかそれなりに子どもらしいお願いをしていたのに対し、一番年少の刀也が「世界平和」って言ってたことかな。

刀　そんなこと言ってたんだ（笑）。宗教家の素質すごいな。

父　5歳くらいのわがまま盛りに世界平和と言ってのけたのを見て、こいつおもしれぇって思った。

刀　おもしれぇなんだ。優しく育って嬉しいとかじゃないんだ。

父　あとなんかわりと小さい時に、格闘技ごっこじゃないけど、相手の無力化の仕方みたいな感じで、喧嘩で殴ったり蹴ったりで怪我をさせられたり、させたりするのよくないから、そうなった時のために相手の膝にタックルして上からマウントとって動けなくしろっていうのを教えたら、すごく飲み込み早くて上手くできるようになって、褒めたら凄い喜んでて。

刀　そうなんだ！　全然覚えてないな〜。

父　多分それがきっかけで人にマウントを取るのが好きになったんだと思う。

刀　絶対違うよ。

父　あとは子どもなのにちゃんと客観視ができていることが多かったかな。主観ももちろんあれど、それを俯瞰して見る視点をちゃんと持っているっていう。

刀　しっかりしてるとか大人びてるって子どもの頃から言われてたのはそこが由来か。そしてそれはきっと今にも通じている。

対応型とパッション型の人間

父　ただ気をつけなきゃいけないのはそっちに寄りすぎると、対応型の人間になってしまうから。

刀　対応型の人間？

父　うん、その状況に対してどう動くかってことには長けても、理屈抜きにパッションで動くってことができなくなるというか、とりあえず全体図見てからみたいな思考になりがちだから、そこはバランスも必要だよね。

刀　あー分かる！　理性的すぎるのも考えものか。

父　まぁいいんだけどね。パッション型の人と組むとよいかもね。

刀　確かに！　ガクくんや椎名を大切にしよう……。

父　あとはすごい小さい頃、刀也が読む絵本の中にいがらしみきおの『ぼのぼの』を混ぜてサブカルを吸収させてた。

刀　何してんの？　まぁお父さんサブカル好きだもんね。

父　そう。だからさっき言ってなかったけど委員長（月ノ美兎）も好きなVTuberのひとりだよ。

刀　なるほど？

父　なにせ息子の母親だし。

刀　違うよ？　お父さんが言うとややこしくなるから。お母さんの気持ちも考えて。

父　産みの親が２人いるのはレアだよ。

刀　うるさいな。でもお母さんで思い出したけど、僕がいわゆる「変な人好き」なのってお父さんの血だと思うんだよね。

父　たしかに。○○（母の名前）も面白いよね。

刀　お母さん変な人だよね。そう考えてみれば変な人好きも海外経験も理性的な部分も……。かなり受け継いでるもの多いな。

父　うちは俺が自営業でずっと家に居て、一緒にいる時間が長かったから受け継ぐ部分があるとしたら多いのはあるかもね。

刀　なるほど、親が自営業か会社員かで受け継ぎ濃度が変わりうるのか。

父　俺も普通のおじさん社会よりネットだったりそういう場所にいた時間が長かったからね。ビジネスマン同士が接待でゴルフの話をする文化は俺の中にはほとんどなくて、アニメとかネットカルチャーのほうが凄く分かるから、この界隈に何の抵抗もないし、だから息子がVTuberみたいな変なことをするのにも何も違和感はなかったな。

刀　逆に真っ当に歩いて来た人の子どもは多少なりともそれを求められる可能性はあるしね。周りに、ずーっとゲームをやって来てその延長線上でVになったみたいに〝来うる環境〟がある種整ってたみたいな人が多い中、僕はそうじゃないと思っていたけれど、考えてみれば僕も〝来うる環境〟を持ってたのかもしれないのか。面白い。

刀　では次。このエッセイを読んでいる人に一言お願いします。
父　ワシが育てた。
刀　その言葉が本当のケースってあるんだ。
父　実際、刀也が人から求められたり、人の精神にとって役に立っていることは親にとって
これ以上無いくらい誉れ高いことなんだよ。
　子どもって自分の存在のある種の副産物だから、君への肯定は間接的に自分への肯定にも
通ずるので、それだけで親孝行になってるよ。
刀　そうなんだ。こっからなんか大ポカして親不孝のところまで下がらないように気をつけ
なきゃ（笑）。
父　いいんだよ。そしたら一緒にラーメン食べながら作戦会議でもしよう。
刀　お父さん……!!

父　ほとんどを失っても笑えるくらいの人間性には育っていると思うので。お互いに。恐れるものは何もない。

刀　良い言葉が聞けたところで、そろそろ対談を終えようかな。

　では最後に、ずっと見ている息子の背中を押す意味も含めて、一番好きなVTuberを教えてください！

父　アルス・アルマルです。

刀　ありがとうございました。

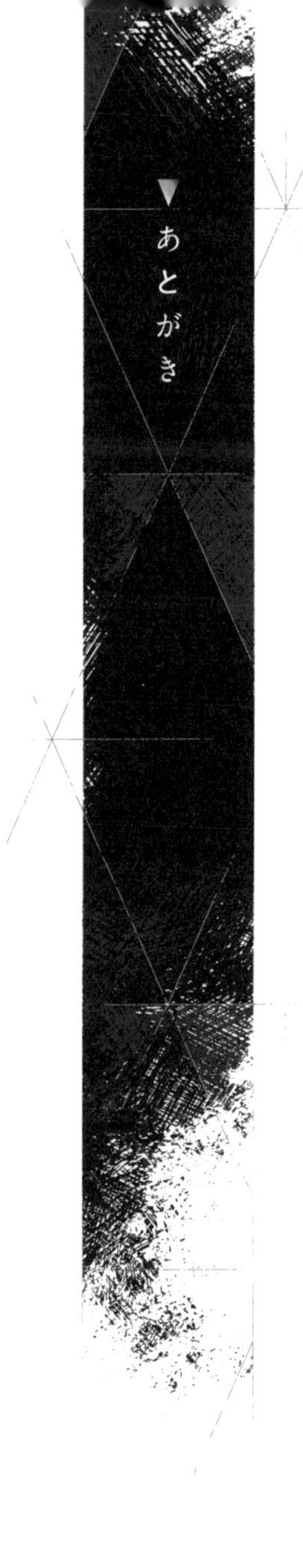

あとがき

「エッセイ本を出しませんか」というオファーを頂いたとき、光栄に感じると共に、難しそっ！！！と思ったのを覚えている。配信者とエッセイははっきり言って相性が悪い。テレビの芸能人やスポーツ選手などと違い、配信者は言いたいことや話したいエピソードなんてものがあったらその場で発せてしまうからだ。供給量の多さに加え、発したものはアーカイブとして逐一保存されるため、焼き増しにならないように本を仕上げるのは本当に難しい。

実際、執筆は本当に大変だった！！！

それでもこの仕事を受けたのは、僕がエンタメ好きであると同時に、実は深い話好きでもあるからだ。普段はスタンスとしてエンタメ以外はやらないが、それがもたらす良さは実のところ人一倍分かっている（実際僕は大人数の打ち上げは行かずに帰りがちだが、少人数のご飯に誘われたら行ってどんな人生を歩んできたか聞いてまわっている）。

なので、いつものノリよりも深い話のほうが適しているこの書籍というフィールドは、僕にとってとても有意義で面白い現場だった。ネガティブな話やルーツの話、思想についての長話など普段全然しないからこそ、大変ではあったがきっと意味のあるものになったと思う。

しかし僕の主戦場はやはりYouTube。次にあなたと相まみえるときは、またいつも通り、画面とエンタメ越しになるだろう。そのときにこの本の内容を持ち出してこようとも僕は知らんぷりするのでそのつもりで。

ここまで読んでくださりありがとうございました。

バーチャル在住、にじさんじの剣持刀也。エンターテイナーに戻ります。

虚空教典

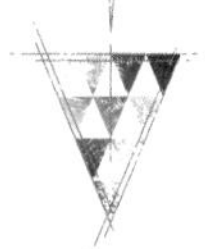

2023年 8 月22日 初版発行
2024年 11月 5 日 8版発行

著者
剣持刀也

発行者
山下直久

発行
株式会社KADOKAWA
〒102-8177 東京都千代田区富士見2-13-3
電話0570-002-301（ナビダイヤル）

印刷所
TOPPANクロレ株式会社

製本所
TOPPANクロレ株式会社

●お問い合わせ
https://www.kadokawa.co.jp/
（「お問い合わせ」へお進みください）

※内容によっては、お答えできない場合があります。
※サポートは日本国内のみとさせていただきます。
※Japanese text only

定価はカバーに表示してあります。

ISBN 978-4-04-680921-6 C0095